喜 怒 哀 乐

情绪掌控与急救

韩佳媛 编著

图书在版编目（CIP）数据

情绪掌控与急救 / 韩佳媛编著 . -- 北京：中国华侨出版社，2022.1
 ISBN 978-7-5113-8663-2

Ⅰ.①情… Ⅱ.①韩… Ⅲ.①情绪 – 自我控制 – 通俗读物 Ⅳ.① B842.6-49

中国版本图书馆 CIP 数据核字（2021）第 230406 号

情绪掌控与急救

编　　著	韩佳媛
出 版 人	刘凤珍
责任编辑	张　玉
封面设计	韩　立
文字编辑	朱立春
美术编辑	潘　松
插图绘制	蚂蚁丫嘿嘿
经　　销	新华书店
开　　本	880mm × 1230mm　1/32　印张：8　字数：185 千字
印　　刷	三河市华成印务有限公司
版　　次	2022 年 1 月第 1 版　2022 年 1 月第 1 次印刷
书　　号	ISBN 978-7-5113-8663-2
定　　价	38.80 元

中国华侨出版社　北京市朝阳区西坝河东里 77 号楼底商 5 号　邮编：100028
发 行 部：（010）64443051　　传　真：（010）64439708
网　　址：www.oveaschin.com　　E-mail: oveaschin@sina.com

如发现印装质量问题，影响阅读，请与印刷厂联系调换。

前言
PREFACE

  情绪，是一个人各种感觉、思想和行为的一种心理和生理状态，是对外界刺激所产生的心理反应，以及附带的生理反应，包括喜、怒、忧、思、悲、恐、惊等表现。比如，高兴的时候会手舞足蹈，发怒的时候会咬牙切齿，忧虑的时候会茶饭不思，悲伤的时候会痛心疾首……这些都是情绪在身体动作上的反应。

  情绪最可怕的就是失控。坏情绪是一座监狱，阴暗、潮湿；好情绪则像人间天堂，充满阳光和希望。这就是情绪的威力。正面情绪使人身心健康，并使人上进，能给我们的人生带来积极的动力；负面情绪给人的体验是消极的，身体也会随之出现不适感，进而影响工作和生活。情绪问题如果不予理会、不妥善处理就会越积越多，最后把你的一切都搅得面目全非。

  成功者掌控情绪，失败者被情绪掌控。事实上，喜、怒、忧、思、悲、恐、惊等情绪表现，恰恰是成功与失败的关键，这些情绪的组合有着非凡的意义，掌控得当可助你成功，掌控不当就会导致失败，而成功与失败完全由你自己决定。每个人都像在同自己战斗，情绪掌控能力差的人会迷失自己，成为彻底的失败者；而情绪掌控能力强的人则能控制自己内心蠢蠢欲动的想法，能调节即将喷发的怒火，缓解内心的焦虑。因此，掌握一些情绪掌控和急救的方法，才能在人生的道路上走得更稳、更远。

现代社会，越来越多的压力随着竞争的加剧而相应产生，焦虑因而成了现代人生活中常有的一种情绪，为此，我们必须学会如何化解焦虑，克服压力。不妨试着放慢生活的节奏，腾出时间给身心松绑，这样才能让自己保持积极、健康的情绪。每个人心中都有把"快乐的钥匙"，但我们常常不知如何掌管。因此要学会爱自己、照顾自己，拥有健康的体魄，用全部的爱来构建快乐的家庭，给自己的家人快乐，用真心和诚意与人相处、对人友善，以从容的姿态对待生活、享受生活。另外，一个人要想在事业上取得成功，务必克制自己的欲望，若克制不住自己，就会沉溺于"失控"状态中不能自制，那将会落入万劫不复的绝境。

总之，学会情绪掌控和急救，要从"心"开始。我们无法改变天气，却可以改变心情；我们无法控制别人，但可以掌控自己。心态决定命运，情绪左右生活。早晨起来，先给自己一个笑脸，你一天都会有好心情。好情绪会融洽人与人之间的关系；好情绪会让人生充满欢声笑语。如何掌控情绪，如何疏导和激发情绪，如何利用情绪的自我调节来改善与他人的关系，是我们人生的必修课。

本书告诉你如何从各个方面提升自己情绪掌控和急救的能力。其中专业的讲解、生动的案例，从沟通方式、思维模式、心理疏导等方面，教你掌控情绪，做自己命运的主人。书中的每一章都从一个侧面帮助你解决现实中的一些难题，解开你思想上的谜团和心理上的困惑，帮你矫正各种不良的行为习惯和思维方式。

目录 CONTENTS

第一章 我们为何总是情绪化——情绪认知

正确感知你所处的情绪 002
了解我们自身的情绪模式 005
运用情绪辨析法则 008
情绪同样有规律可循 011
接受并体察你的情绪 014
用默剧的方式获知他人情绪 017

第二章 状态不好时换件事做——情绪转移

给自己换件事情做 022
换一个环境激发情绪 024
思维不能钻死胡同 027
适当想想生活不如你的人 030
给情绪注满鲜活的泉水 033

疲惫时，和工作暂时告别 036

唱歌也能疏解情绪压力 038

第三章　别让不良情绪毁了你——情绪调控

稳定的情绪状态为你的决策加分 042

多从正面探讨情绪的意义 045

九型人格中的情绪调控 048

不要被小事拖入情绪低谷 052

给生活加点让人愉悦的色彩 054

心情也可以画出来 056

走出情绪调适的误区 059

第四章　给负面情绪找个出口——情绪释放

他人给的负面情绪不要留在心里 062

为情绪找一个出口 064

不要刻意压制情绪 068

情感垃圾不要堆积在心中 071

情绪发泄掌握一个分寸 074

把负面情绪写在纸上 077

第五章　打开心结，肯定自己——驱除自卑

正确认识自己 080
内心不要残留失败的伤疤 083
别抓住自己的劣势不放 086
爱自己是一门学问 088
不要认为自己不可能 091
在克服自卑中超越自我 094
活出真实的自己 097
适当收起你的敏感 100

第六章　减压，让生活更轻松——清除焦虑

现代人的"焦虑之源" 104
学会让自己放轻松 106
别透支明天的烦恼 108
说出自身的焦虑 111
删除多余的情绪性焦虑 114
社会精英，谁动了你的健康 116
及时说出压力，清理情绪垃圾 119

第七章　慢慢品味，快乐生活——摆脱疲劳

生活的乐趣不仅是不停地奔跑 122
冲破"心理牢笼" 125

疲劳之前多休息 127
学会忙里偷闲，张弛有度 130
尝试简约生活，别活得太累 133
量力而为，才不会力不从心 136

第八章　对发生的事不要纠结——放下后悔

别让不幸层层累积 140
不要长期沉浸在懊悔的情绪中 142
学会从失败的深渊里走出来 144
与其抱残守缺，不如断然放弃 147
别抓住自己的缺点不放 149

第九章　相信阳光一定会再来——永怀希望

事情没有你想象的那么糟 154
困难中往往孕育着希望 156
任何时候都不要放弃希望 159
别让精神先于身躯垮下去 161
在不如意的人生中好好活着 163
记着每天给自己一个希望 165

第十章　善待他人胸怀更开阔——学会宽容

及时原谅别人的错误 168

气量大一点，生活才祥和 170
原谅生活，是为了更好地生活 173
莫将吃亏挂心头 174
忘记惹你生气的人 176
做到心胸开阔，便能风雨不惊 178
豁达是衡量风度的标尺 181
原谅别人，其实就是放过自己 184

第十一章　学会给自己热烈鼓掌——增强自信
激发自己的潜能 188
像英雄一样昂首挺胸 192
多做自己擅长的事 194
独立自主的人最可爱 197
善于发现自己的优点 199
自信心训练 201
打造一颗超越自己的心 206
用笑容改善情绪气场 208
多和快乐的人在一起 212

第十二章　常存平平常常一颗心——享受平静
用"难得糊涂"增添生活美景 216
"接受"才会平静 218

清楚什么是自己想要的 220
不怕失去，不怕得到 222
建一道宠辱不惊的防线 224
拒绝内在的浮躁 227
善于做金钱的主人 229
人生要懂得享受孤独 232
不要太在乎别人对你的看法 235
为自己而活，不要盲目取悦他人 239

第一章
我们为何总是情绪化——情绪认知

正确感知你所处的情绪

知觉与评估情绪的能力是心理学上两类最基本的情商，也是衡量一个人情商高低的最基本的要素。通常来说，低情商者对自己及他人的情绪感知能力弱，容易导致情绪失控；而高情商者对自身的情绪能够做理智的分析。其实对自身情绪的评估能力越强，越有利于问题的解决。但往往有很多人，对自身的情绪很难把握，对此，可以从心理状态加以分析。

著名心理学家约翰·蒂斯代尔提出的"交互性认知亚系统"理论是一种以正念为基础的认知疗法理论，该理论认为人一般有三种心理状态：无心/情绪状态、概念化/行动状态、正念体验/存在状态。

无心/情绪状态指人们缺乏自我觉知、内在探索与反思，一味沉浸到情绪反应中的表现；概念化/行动状态则指人们不去体验当下，只是在头脑中充满着各种基于过去或未来的想法与评价；正念体验/存在状态才是最为有益的心理状态，它是指人们去直接感知当下的情绪、感觉、想法，并进行深入探索，同时对当下的主观体验采取非评价的觉知态度。

进入正念状态需要高度集中注意力去关注当下的一切，包括此时此刻我们的情感和体验，而不应当将自己陷入对过去的纠缠或未来的困惑中，对现在的情绪有所评判和排斥。接受发生的一切，关注当下的感受，才能发挥"正念"的透视力，达到认知自我情绪，主动调适，从而反省当下行为进行调节以增加生活乐趣的目标。

那么，如何将心理状态调整为正念体验/存在状态，这需要我们平时就应该进行正念技能训练。根据莱恩汉博士的总结，正念技能训练包括"做什么技能"和"如何去做技能"两大类别技能训练。

第一，"做什么"的正念技能包括观察、描述和参与三种方式。

例如，当生气时，留意生气对身体形成的感觉，只是单纯去关注这种体验，这是观察。观察是最直接的情绪体验和感觉，不带任何描述或归类。它强调对内心情绪变化的出现与消失只是单纯去关注，而不要试图回应。

用语言把生气的感觉直接写出来即是描述，如"我感到胸闷气短""心里紧张、冲动"，这都是客观的描述，描述是对观察的回应，通过将自己所观察到或者体验到的东西用文字或语言形式表达出来，对观察结果的描述不能有任何情绪和思想的色彩，要真实、客观。

对当前愤怒的感受和事情不予回避，这是参与，参与是指全身心投入并体验自己的情绪。

在特定的时间内，通常只能用其中一种来分析自己的情绪，而不能同时进行，用这三种方式去感受自己的情绪，有助于留意自身情绪。

第二，"如何去做"的正念技能包括以非评判态度去做、一心一意去做、有效地去做。这些技能可以与观察、描述、参与三种"做什么"正念技能的其中某一项同时进行。

以非评判态度去做，应当关注正在发生的一切，关注事物的实际存在，而不需要进行评价。仍以愤怒为例，当生气的时候，"应该""必须""最好是"停止或继续发怒的想法都是有评判色彩的语气。对于愤怒应当去接受而不需要去评判。

一心一意去做，也要集中精力去关注担忧、焦虑等情绪。美国宾州大学心理学教授托马斯认为由于人总不能把握现在和关注此刻，容易产生焦虑和抑郁的情绪。基于此，托马斯发展了专治慢性焦虑症的心理疗法。"当你在焦虑时，你就专心焦虑吧。"他要求患者每天必须抽出30分钟时间在固定的地点去担忧自己平时担忧的事。在30分钟之内，患者必须全神贯注担忧，30分钟之后，则要停止担忧，并要警告自己："我每天有固定的时间担忧，现在不必再去担忧。"

我们通过每天的情绪变化去积极主动地调适自己的心理。可以在情绪激动时能及时察觉与反省自己的当下行为，学会控制自己的情绪，使自己在面对痛苦的时候心情有所缓解，恢复快乐。只有学会"感受"自己的感受，方能让自己在处理负面情绪时游刃有余。

了解我们自身的情绪模式

心理学上有一个定义称为情绪模式，它是指在外界持续刺激的影响下，逐渐形成的固定的连锁情绪反应路径与行为结果。通俗地解释，即"每当……时（外界刺激），我的心情就会……（情绪反应），结果我就会……（产生行为结果）"。例如，每当有女同事穿了漂亮的新衣服，"我"就会认为自己的身材不好，穿同样的衣服肯定没有那样的效果，心情就会很低落，结果整天避免和穿新衣服的女同事正面接触。

情绪模式起因于人类大脑的应激功能和记忆功能。如果对于外界刺激的应对方式被持续使用，大脑和身体的网络系统就会发生作用，将这种应对机制模式化，生成固定的链接，从而形成情绪模式——面对相同事物时产生相同的情绪、思维和行动。

情绪模式有以下特点：

其一，情绪模式的形成源于相同的刺激源。每当遇到同样的情境，人们就会产生相似的情绪并导致相似的行为结果；

其二，情绪模式的形成是一个循序渐进的过程，经过多次相同的外界环境的刺激，情绪模式才会形成；

其三，情绪模式的反应速度极其迅速。它具有"第一时间反击"的特点，一旦形成后，再遇到外界相同的刺激源时就会以主体察觉不到的速度快速启动。

情商理论中有种现象叫作"情绪绑架"，是指已经形成的情绪模式阻碍了大脑的理智思考，强制启动应激行为作为对情绪的反应。这是因为情绪模式一旦形成就很难改变，这也是为什么常常会听到有人说"我不知道为什么当时那么伤心，以致做出那么傻的举动""我那时候就是忍不住对平时很尊敬的老师大吼大叫"的原因。由此可见，"情绪绑架"对情绪主体是弊大于利的。

人们一直致力于摆脱"情绪绑架"，而成功的关键就在于识别自身的情绪模式，找到病因，对症下药。但是情绪模式经过日积月累已经成为我们潜意识的一部分，行为主体很难站在客观的角度将其识别出来。可以根据以下几个步骤来有意识地察觉自己的情绪变化及其引起的连锁反应，以及最后自己采取的行动，从而识别出自己的情绪模式。

步骤一，记录情绪变化。有意识地关注自身情绪变化，包括变化的原因及变化引发的影响。察觉到这些之后要及时准确地加以记录。

步骤二，自我情绪反省。充分利用步骤一的成果——情绪变化记录表，观察自己历次情绪变化的诱因是否值得，情绪反应的行为是否得当。如果造成的是积极的结果，要告诉自己努力保持；如果造成的是消极的影响，要及时提醒自己消除不良情绪的滋长，将其扼杀在萌芽状态。例如，发现自己总是为衣着打扮等外在因素而嫉妒身边的女同事，从而与其疏远，那么经过反思之后遇事就要用包容的心态去思考，要让自己提高内在素养，摒弃对虚无外表的追求。一段时间过后，你会发现自己从前对身外之物斤斤计较的想法是多么可笑和不值得。

步骤三，倾诉不良情绪。不识庐山真面目，只缘身在此山中。由于情绪模式已经固化在我们的头脑和神经系统中，难以自我察觉，因此我们可以求助于他人来捕捉自己的情绪变化。可以先与家人和好友沟通，请他们在自己情绪变化时及时告知。观察的方法可以通过日常沟通中的面部表情、肢体语言等流露出的潜意识来判断你的情绪变化，从而追踪到你情绪变化的诱因和由此导致的行为结果。你可以根据他人的意见来了解自己内心真实的想法。

步骤四，测试自身情绪。我们可以通过专业的情绪测试工具或咨询专家来发现自己的情绪模式。看似与情绪问题相距甚远的测试问卷或者专家的漫无边际的访谈，却可以借助科学的手段准确地了解你情绪模式的病症所在。

当然，以上四个步骤的最终目的是发现问题，解决问题。我们发现了自己的情绪模式之后就可以将其一一列出，并且在每天的日常生活中逐项加以克服，坚持这样一个循序渐进、由浅入深的过程，我们就可以达到摆脱"情绪绑架"的最终目的了。

运用情绪辨析法则

知己知彼，方能百战不殆。在情绪的战场上，首先要了解自己的情绪，才能保持好情绪、战胜负面情绪。我们不自知的种种心理需求，乃至内心理念以及价值观，都可以通过自身不同的情绪反映出来。因此，要做到"知己"，首先要准确地做出自我情绪辨析，只有如此，才能够有的放矢地解决情绪问题，保持身心健康。

心理学家温迪·德莱登将所有情绪统分为两大类——正面情绪与负面情绪，又将负面情绪进一步细分为健康的负面情绪和不健康的负面情绪。

德莱登认为，健康的负面情绪是由合理的信念引发的。它促使人们正确地判断所处的负面情境改变的可能性，从而理智地做出适应或改变的行为。健康的负面情绪导致的结果是正面的，它引发思维主体进行现实的思考，最终解决问题，实现目标。

不健康的负面情绪是由不合理的信念引发的。它会阻碍人们对不可改变的环境做出判断以及对可以改变的环境进行建设性改变的尝试。不健康的负面情绪导致的歪曲思维会阻碍问题的解决，最终阻碍目标的实现。

大多数人可以准确地判断自己的情绪属于正面的情绪还是负面的情绪，但对很多人而言，如何才能判断当前的负面情绪是否健康是有一定困难的。以担心和焦虑这两种负面情绪为例，由德莱登的定义可知，在信念的来源上，担心源于合理的信念，这种情绪会导致行为主体正确地面对威胁的存在，并想办法寻求让自己安心的保障；而焦虑来源于不合理的信念，这种情绪会导致行为主体不愿意面对甚至逃避威胁的存在，从而寻求那些并不能使行为主体安心的保证。

每个健康的负面情绪，都有一个不健康的负面情绪与之相对应。类似地，德莱登还列举了悲伤、懊悔、失望、等情绪作为健康的负面情绪的典型代表，列举了抑郁、内疚、羞耻、受伤等情绪作为不健康的负面情绪的代表。而以上情绪都是两两对应的，如悲伤和抑郁，前者是健康的负面情绪，后者是与之相对应的不健康的负面情绪。

判断一种负面情绪是否健康，最本质的区别在于健康的负面情绪来源于合理的信念，而不健康的负面情绪来源于不合理的信念；同时也可以根据情绪强度来判断：大多数不健康的负面情绪都强于健康的负面情绪，如焦虑的最大强度大于担心的最大强度。

除此之外，健康的负面情绪和不健康的负面情绪，二者所导致的情绪主体的应对行为以及行为趋势也有显著差别，换言之，当人们出现情绪问题时，不仅有可能体会到两种不同的负面情绪，而且会由此导致完全不同的有建设性的或无建设性的行动，这种行动可以是真实的也可以是"意愿中"。

举例来说，抑郁的情绪会使人持续回避自己喜欢的活动，而悲伤的情绪会使人在哀伤过后继续参与自己喜爱的活动。同样地，内疚只会使人被动地祈求宽恕，而懊悔会使人主动地要求对方的宽恕。受伤使人被愠怒充斥头脑，忘记理智，而悲哀会使人更加果断地判断事物，厘清头绪。羞耻会使人采取鸵鸟战术，以回避他人的凝视来逃避关注，而失望仍能使人正确对待与他人的目光接触，与外界保持联系。

不健康的愤怒会使人仪态尽失，出言不逊甚至诋毁他人，健康的愤怒会促使人果断处理眼前的麻烦，仅关注自己被不当对待的事实而不会迁怒于他人。不健康的嫉妒会使行为主体怀疑他人的优势，而健康的嫉妒会以开放的态度去学习他人的优点以提高自己。与之相似的，不健康的羡慕打击他人进步的积极性，而健康的羡慕会以此为动力鞭策自己获取类似的成功。

在我们经历情绪的变化时，不仅能够判断出自己所经历的是正面的情绪还是负面的情绪，而且能够准确地分辨出其中的负面情绪是否健康，并能分析出此情绪的来源以及可能导致的后果，我们就能真正达到"知己"的境界。

情绪同样有规律可循

人的情绪如同眼睛一样,也有自己看不到的"盲点",通过了解自己的情绪盲点,从而把握自身的情绪活动规律,可以最有效地调控自己的情绪。

情绪盲点的产生主要是由于以下3个方面的原因:

(1)不了解自己的情绪活动规律;

(2)不懂得控制自己的情绪变化;

(3)不善于体谅别人的情绪变化。

其中,能否把握自身的情绪规律是情绪盲点能否出现的根源。

认识到情绪盲点产生的原因,我们便需要从原因入手,从根源上把握自身的情绪规律。这就需要从以下几个方面加强锻炼,以培养自己与之相应的能力。

1.了解自己的情绪活动规律,培养预测情绪的敏锐能力

科学研究证明人都是有情绪周期的,每个人的情绪周期不尽相同,大概为28天,在这期间内,人的情绪成正弦曲线的模式:情绪由高到低,再由低到高。在人的一生之中循环往复,永不间断。

计算自己的情绪节律分为两步:先计算出自己的出生日到计算日的总天数(遇到闰年多加1天),再计算出计算日的情绪节律值。

用自己出生日到计算日的总天数除以情绪周期28，得出的余数就是你计算日的情绪值，余数是0、4和28，说明情绪正处于高潮和低潮的临界期；余数为0～14，情绪处于高潮期，余数是7时，情绪是最高点；余数为15～28，情绪处于低潮期，余数是21时，情绪是最低点。

由此可以看出，情绪有高低起伏，我们不要认为自己会永远处在情绪高潮期，也不要觉得自己会一直处于情绪低潮期，在情绪好的时候提醒自己注意下一阶段的低落，在情绪低落时告诉自己会慢慢好起来的。我们所吃的东西、健康水平和精力状况，以及一天中的不同时段、一年中的不同季节都会影响我们的情绪，许多人虽然重视了外在的变化对自身情绪的影响，却忽视了自身的"生物节奏"，其实，通过尊重自己的情绪周期规律来安排自己的学习和生活，是很有必要的。

2.学会控制自己的情绪变化，坦然接受自身情绪状况并加以改进

想要控制自己的情绪变化，首先要对自己之前的情绪经历做一个简单梳理，从之前的经验来寻找自身情绪的活动规律。同样的错误不能犯第二次，这正是掌握情绪活动规律后得到的经验。一个有敏锐感知能力的人能够在自己一次的情绪失控中回顾反思，总结、评估事情的前因后果，并最终达到提升自己情绪调控能力的目的，毕竟，情绪的偶尔失控和爆发是一种正常的现

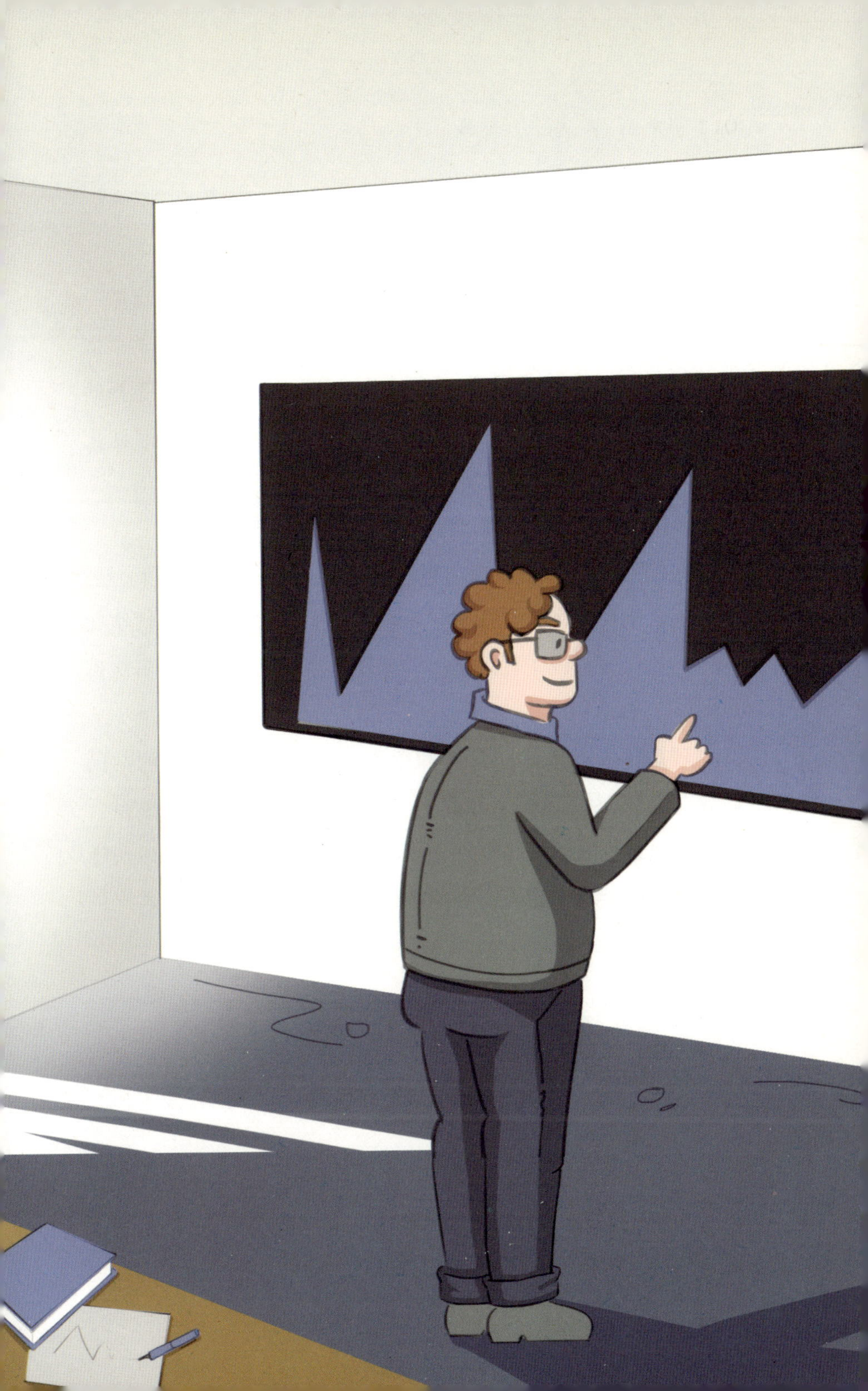

象，但倘若情绪失控成为常态，则不是一件好事。

想要控制自己的情绪变化，还需要对自己的情绪弱点做一个分析总结，去认识自己的情绪易爆点在哪里，情绪失控的事情可能会是什么，事先考虑好如果再次遇到同种情形所需要选择的应对方式。这样可以在事先做好准备，及时采取应对措施，防止情绪失控之后的被动解决所导致的追悔莫及。

3.学会理解他人情绪和行为，同时反省自己

人际交往中，理解的力量是伟大的，但在通常情况下，虽然人们希望得到别人的理解，希望别人能够理解自己的情绪和行为，却往往忽视了理解别人。这就是为什么人的情绪出现盲点的外在原因。

理解他人的需求、情绪和感受等有助于增添交流的共同话题和认同感，有助于彼此之间形成和谐健康的人际关系。并且，通过别人的情绪反观自己的情绪变化和体验，可以清晰地了解自己，从而把握自身的情绪节律和促进自身情绪状况的改进。

接受并体察你的情绪

每个人的情绪都处于不断变动的状态中，有兴奋期就不可避免地有低潮期，掌管和控制情绪之前应该先去接受和体察它。情绪变化是有规律的，只有接受和体察，才能真正地顺应内心、帮助内心回归平和。

当然，不同的人处理情绪的态度不同，但是大家有一个普遍的共识：情绪不能压抑，压抑会导致各种心理障碍，也会导致某些疾病的产生。因而针对情绪化的人，心理学家建议他们对待情绪的基本态度就是承认和接受。

平时，方女士对同事和对身边的朋友都非常友好，从来不和别人发生冲突，大家都觉得她是一个脾气温和的人。在别人眼里，她温柔又和善。

但回到家里，她往往会因芝麻大小的事就对丈夫大发脾气，甚至会摔东西。丈夫对此也很无奈，非常不开心，觉得她很难让人接受。

面对自己阴晴不定的情绪，方女士非常痛苦。其实，丈夫对她很好，她也很爱丈夫，但她又害怕丈夫会因自己的情绪而离开她。有时候，她也非常受不了自己，可是当发脾气的时候她却无法预计和控制。很多次，她都告诉自己的父母和丈夫，但他们都说是她自己没有克制能力。对于他们对自己的不理解，方女士很苦恼，于是，她尝试去看心理医生。

心理医生分析了方女士的情况，又咨询了一些关于她成长的事情，最后终于找到她情绪化背后的根源：由于孩提时父母离异，方女士非常敏感但又异常依赖身边的亲人，脾气暴躁。医生为她提出一些改变情绪化的建议，并告诉她要悦纳自己的情绪，才会便于改善情绪。

很多人的情绪化都产生于孩提时代。孩子总是被大人引导，使他们将自己最直接的情感与不愉快的事情相联系：孩子可能会因哭闹受到处罚，也可能因嬉闹而受到处罚。揭开情绪的面纱时，自己总是能找到导致情绪化的原因。不能公开地表达自己的情感，但起码可以承认它们的存在。要承认它们存在的最基本的一步就是允许自己体验情感，允许自己出现各种情绪并恰当表达它们。

体察情绪，首先就是要正视它。情绪不会凭空消失，存在就是存在，它不可能因为你的否定而消失。相反，一味地否定只能让情绪潜藏在意识里，可能会带来更坏的影响。每个人都有发泄情绪的权利，如果不敢承认情绪的存在，可能也就不敢发泄情绪，盲目压抑情绪对个人的身心发展非常不利。

其次，可以采取"情绪反刍"或"寻根溯源"的方法来认识自己的情绪。要沿着自己的心灵发展轨迹，溯流而上，用当前情绪去联想更多的情绪状态，慢慢体味、细细咀嚼自己的各种情绪经历，并询问自己当时如果没有产生这种情绪会是一种怎样的情形。这样可以使人变得心平气和。

再次，学会养成体察自身情绪的习惯。也就是时时提醒自己注意："我现在有怎样的情绪？"例如，当自己因同事的一句话而生气，不给对方解释的机会，这时就问问自己："我为什么这么做？我现在有什么感觉？"如果察觉自己只对同事一句无关紧要的话就感到生气，就应该对生气做更好的处理。有许多人认为："人不应该有情绪"，因而不肯承认自己有负面的情绪。实际上，人都会有情绪，压抑情绪反而会带来不良的结果。

最后，缓解和调理自己的情绪。觉察自己情绪的变化，能更清楚地认识自己的情绪源头，也有助于理解和接受他人的错误，从而轻松地控制消极的情绪，培养积极的情绪。疏解和调理情绪，也需要适当地表达自己的情绪。

接受并体察你的情绪，不要拒绝，不要压抑，勇敢地面对自己的情绪变化。在情绪转好之时，抓住机会，投入到有意义的事情中去。

用默剧的方式获知他人情绪

卓别林表演的默剧电影想必大家都有所了解，虽然电影中人物没有说一句话，全部是用肢体动作代替，但人们仍然可以轻松地读懂剧中人物的喜怒哀乐和生活情况，这种别样的表演方式给人们的是特殊的享受。其实，我们在观看的时候，正是通过观察别人的表情和行为觉察到了剧中人物的情绪。

人的情绪智力（情商）是一个包含着多个层面、内容丰富的概念。心理学家戈尔曼博士通过大量的实验证明：情绪智力的五大构成要素包括情绪的自我觉察能力、情绪的自我调控能力、情绪的自我激励能力、对他人情绪的识别能力和处理人际关系的能力。其中，对他人情绪的识别能力作为一项重要的能力，是在情感的自我知觉基础上发展起来的。它通过捕捉他人的语言、语调、语气、表情、手势、姿势等可以快速地、设身处地地对他人的各种感受进行直觉判断，是一种重要的情绪感知力。

在生活中，我们也应该如同看默剧一般，尝试培养感受别人情绪的能力，一个情商很高的人可以敏锐地觉察到别人身体行为所透露的信息，通过觉察他人的情绪来对其心意进行合理解读。

这就如同我们做一个默剧游戏的过程：要求是尽量避免听到别人的声音，而只是通过观察别人的表情和行为来判断情绪。在默默无语的过程中，你需要掌握一些辨认表情的诀窍。脸部有几个部位是展现情绪的重要区域：嘴角、嘴型、眉毛、眼角、眼睛、额头。这些区域对于辨认某些情绪特别重要，比如从嘴巴的表情观察人的厌恶和喜悦情绪，从眉头和额头去辨别这个人悲伤或是恐惧的情绪，等等，肢体语言和所隐含的情绪之间往往存在着照应，如表所示。

肢体语言	所隐含的情绪
脸红、紧闭双唇、交叉手臂或双腿、说话快速、姿势僵硬、握紧拳头等	生气

续表

肢体语言	所隐含的情绪
紧闭双唇、皱眉、斜眼看人，一边嘴角翘起、摇头、转动眼珠等	怀疑
交叉双臂或双腿、躲避眼神、呼吸加快、身体面对对方，沉默	敌意（防御性）
眼光游移、身体斜靠、胡乱涂鸦、身子往一旁倾斜以避开某人目光、打呵欠、玩弄纸笔	无聊
乱瞟、不断玩弄他物、流汗、突兀地笑、抖腿、姿势僵硬	紧张

当然，需要注意的是，肢体语言和情绪对照并不是绝对一致的，我们不能通过一个简单的肢体行为武断地判断一个人的情绪，要通过整体的动作行为来判断一个人的当前情绪。

识别他人的情绪是建立良好人际关系的基础，通过了解自己、了解他人，使人们相互理解，人与人和谐相处，这有助于建立良好的人际关系。但遗憾的是，生活中，绝大多数人都不善于去理解别人的情绪，只是能够注意到肢体或面部的大致表情，而不能够对眼神暗示、细微表情和下意识动作有所关注，除非这种情绪表现得特别明显或激烈。因此，在平时交流中，要想解读别人暗含的信息，不妨培养自己敏锐的情绪识别力和感知力。学会察言观色，方能在人际交往中如鱼得水。

第二章
状态不好时换件事做——情绪转移

给自己换件事情做

不良情绪犹如飘浮在心头的乌云,不仅遮住了太阳,还让人觉得压抑、苦闷。如何才能令乌云消散,阳光普照呢?如果我们停下手中所做的事情,转而去做另一件事,那么我们可能从负面情绪中解脱出来。

人们的生活体验由五个层面构成,分别是环境状况、行为、情绪、思维和生理反应。其中思维、情绪、行为和生理反应之间联系紧密,它们作为一个交互的系统共同发生作用。当受到外界环境状况变化的影响时,人的思维、情绪、行为和生理反应都会产生对应的反应,它们在独立反应的同时,每个部分的反应又同时影响着其他的部分。也就是说,在思维、情绪、行为和生理反应这个系统中,只要一个发生改变,其他的也会随之改变。

这就是我们上面所说方法的一个理论依据。那么,我们该如何做呢?你可能觉得很简单,不过就是转身去做另一件事。但是,去做什么事和怎么做都是有科学依据的。

我们都有这样的经验,相同的活动会产生大致相同的情绪,不同的活动会产生不同的情绪。例如,运动比赛或演唱会会让人热血沸腾,心情激动;观看自然风光、欣赏古典音乐会让人心情愉快、放松;阅读、写作会让人心情沉静,思维清晰。

很多人都有这样的经历,面对相同的问题,每个人的态度却是不同的。有些人在产生不良情绪的时候，会选择先停下手头正在从事的活动，换一件其他的感兴趣的事情来做，很快地缓解不良情绪状态，走出不良情绪的困扰。而有些人则相反，固执地陷在不良情绪中不能自拔。二者的区别就在于是否有效地利用情绪转移法来调节自己的情绪。

小霞和婷婷是高中同学，在高考中由于发挥失常，二人均落榜。她们都陷入了情绪的低谷，不愿出门，不愿与人交流，特别是看到身边的同学陆续接到了录取通知书的时候，就变得更加沉默了。

婷婷一直在这种阴影中不能自拔，非常自卑，复读的过程中心理压力很大，复习效率一直不高，第二年高考再次落榜。小霞复读之前在家人的鼓励下出门旅游，静谧的森林、湖泊令她深深迷醉，大漠孤烟、碧海蓝天带走了她全部的忧郁，很快小霞的情绪恢复平静，意识到高考失利不过是人生的一个小挫折，她带着开阔饱满的心态开始复读，第二年如愿进入了自己理想的学校。

上例中的小霞在调节自己高考落榜的时候用旅游来转移自己的注意力，这是一个很好的方法。转移注意力的具体方法还有很多，可根据当时不同的心理和条件，采取不同的措施。例如练习琴棋书画就具有很好的移情易性、平复情绪的作用。

还有一点要注意，发觉自己陷入情绪低潮时，要主动及时地进行情绪转移。人生短暂，不要放任自己在消极情绪中沉溺。理智判断后，立刻行动起来，完全可以掌控情绪。

换做另一件事情调节自身情绪时，选择的新活动要能迅速调动自身的积极情绪。从这个角度来说，运动是一个不错的选择。运动时身体会产生新的感受，有效地分散注意力，因而能很好地改善不良情绪。当自己陷入郁闷、痛苦时，可以把注意力转移出来，从事诸如打球、跑步、爬山等快速运动或者太极、瑜伽等慢速运动，这些都可以有效地缓解不良情绪。做些日常家务如做饭、洗衣等，也可以达到这个效果。

换一个环境激发情绪

环境状况、思维、行为、生理反应、情绪是一个互相联系的整体，任何一方面的改变都会间接影响到其他方面。当外部环境状况发生变化，人处于情绪化状态时，大脑中会形成一个较强的兴奋点。此时如果回避相应的外部刺激，可以使这个兴奋点消失或是让给其他刺激，从而引起新的兴奋点。

所以，我们要让自己的不良情绪从不愉快的环境中转移出来，兴奋中心一旦转移，也就摆脱了心理困境。

由于人的情绪总是具有情境性的，特定的情境与特定情绪反应之间有对应关系，当特定的情境出现时，就会引发特定的情绪反应。利用这一点，通过避开特定环境和相关人物，可以有意识地减少容易引发不良情绪的因素；同时，增加能够激起健康、积极情绪的因素，就能够很快缓解不良情绪刺激，从而理智地处理出现的问题。

我们换环境的关键是离开产生不良情绪的环境，如果你换了另一个相似的环境，根本达不到预期的效果。当发生亲人去世或者失恋等事件时，悲伤、苦恼、懊悔都无济于事，只会令自己更加消沉。正确的做法是离开事发地点，切断不良刺激，平复受到创伤的情感。可以在亲友的陪同下离开地震发生的地点，避开与过世亲人联系紧密的环境、物品等。失恋的人应该注意避开曾经与恋人相识相聚的场合，以免引发消极情绪。

离开原来的环境只是消极地避开不良情绪刺激，并不能从根本上解决问题。人的思维总是不受控制，如果刻意去忘记一件事反而会在脑海中不断地回想这件事，寂寞的时候尤其是这样。要让情绪尽快好转，必须尽可能地去寻求一种全新的、具有感染力的、能够唤起完全不同的情感的环境。通过融入新的环境中获得新的乐趣时，烦恼、失落等不良情绪自然会不见踪影。

那么，如何选择替代环境？一般说来，想让烦躁的心情平静下来，可以选择安静的咖啡厅、书吧；想让低落的心情高涨起来，可以去参加聚会，或去热闹的电影院看场喜剧电影，听一场亢奋的音乐会，看一场激烈的球类比赛等；想让压抑的情绪释放出来，可以去欣赏自然风光，去野外爬山，去步行街购物，或者去健身房锻炼，通过环境的转变来改善不良情绪。

在选择替代环境的时候还需要注意选择环境的颜色。先来看以下几种颜色及其特性的简单对应关系。

颜色	象征	积极作用	消极作用
红色	热情、振奋	促使血液循环、使人精神振奋	久看易导致情绪急躁，易激动
绿色	生机、活力	艳丽、舒适，具有镇静神经的作用，自然界的绿色对疲劳、恶心以及消极情绪有一定的舒缓作用	久看易使人感到冷清，影响消化吸收，食欲减退
粉色	温柔、甜美	使人的肾上腺激素分泌减少，镇静与缓解情绪。缓解孤独症、精神压抑症状	无
黄色	健康	对健康者有稳定情绪、增进食欲的作用	对情绪压抑、悲观失望者会加重不良情绪
黑色	庄重与肃静	对激动、烦躁、失眠、惊恐等起安定的作用	情绪压抑、悲观失望者会加重这种不良情绪
白色	纯洁与神圣	对易动怒的人可起调节作用	患孤独症、忧郁症的患者会加重病情
蓝色	宁静与想象	具有调节神经、镇静安神的作用	患有精神衰弱、忧郁症的人会加重病情

不同的颜色会引发不同的心情。如果忽略了对色彩空间的选择，将难以收到理想的效果，同样是咖啡厅，冷色调的装修风格容易使人沉静，而暖色调的装修风格则可

能使人亢奋。色彩与人们的生活密不可分，它一边美化生活，一边也对人们的情绪产生直接或间接的影响。合理地选择适当的色彩空间，将能更轻易地走出情绪困扰，收到"移情易性"的效果，这就是色彩的巨大功效。

思维不能钻死胡同

当我们陷入不良情绪时，要想办法将思维焦点从引起不良情绪反应的事物上转移到其他事物、其他活动中去。当新的思维占据大脑，不良情绪体验就会减弱甚至消失，也就是我们不会在一条死胡同里徘徊。这种方法在生活中的应用极为广泛，简单易行，用得适当能够有效缓解不良情绪，释放心理压力。

不良情绪产生后，如果我们仍旧将思维焦点集中在带来不良情绪的事情上，不良情绪反应就会不断累积。带小孩打针的家长都有过类似的经历。

华先生有一个3岁的儿子，每次去儿童医院他都暗暗希望能遇到那位李护士长。李护士长和蔼可亲，很会哄逗小孩。华先生的儿子很怕打针，每次都又哭又闹不肯配合，但是，有李护士长在就会很顺利。李护士长总是备有几个小孩子喜欢的玩具，一边跟孩子说着笑话，问他幼儿园的情况，如喜欢的课程或者喜欢的卡通人物；一边在孩子放松下来的时候迅速注射，往往是在小孩子意识到疼开始哭的时候打针已经结束了，这让华先生省了不少心。

但也不是每个打针的护士都这样，其他的年轻护士面对小朋友总有些束手无策，当小朋友怯生生地问疼不疼的时候，她们会说打针哪有不疼的。因此，小朋友多数不配合打针，注射室里往往哭喊声一片。

同样都是给孩子打针，不同的方法会带来不同的结果。李护士长巧妙地利用思维焦点转移法，缓解了孩子的紧张情绪与心理压力。其他护士实话实说，则会产生消极的暗示，进一步加剧孩子的恐惧心理和紧张情绪。

这种方法很实用也很常见，当情绪不佳时，可以用吟诗、提问、数颜色等方式来摆脱不良情绪，或去做自己喜欢的事情。以下列举几种具体方法。

1.吟诗法

心理学家曾做实验证明，人在吟诵诗歌的时候会不自觉地对诗歌内容进行联想。这时，积极、健康的诗歌能够有效转移吟诵者的注意力与情绪，以达到平静心神的目的，有些还能让人忘记疼痛。据说在意大利，不少药店都会出售由心理学家及文学家共同设计选编的诗歌，颇受消费者喜爱。

2.提问法

当人们提出问题的时候，大脑便会有意识地寻找答案。这时，寻找什么，就会开始思考什么，继而就会得到什么。如果问题是"这件事怎么会那么好"，那么，注意力便会开始寻找有利的理由；如果问题是"这件事为什么那么糟糕"，那么，不论这件事本身是否很糟糕，最后一定会找出很多不好的理由。同样是一句话，差别却如此之大，根本原因就是不同的注意力有不同的导向。因此，通过改变注意力来改变情绪是一个行之有效的办法，而且注意力的改变可以通过提问的方法进行。

3.数颜色法

数颜色法其实是一种转移与调节情绪的方法，由美国心理学家费尔德提出。当人们陷入某种不良情绪，如对他人或某件事不满而想要发脾气时，可以尽快地停下正在从事的活动，去一个相对安静、偏僻的地方，环顾四周的景物，用"那是一个……"的语句开始描述。如，那是一片白色的云，那是一棵绿色的树，那是一朵红色的小花，那是一张棕色的凳子，等等，数大约半分钟。通过数颜色，可以暂时将注意力从引发不良情绪的事件中解脱出来。

4.转移兴趣法

每个人都有自己喜欢的、能令自己放松的事情，如逛街、看电影、读书、弹琴、练习书法、打球、跑步、游泳、登山、旅游、唱卡拉OK、与朋友聚会，等等。这些都可以让自己的情绪平静下来，放松心情，找到新的快乐。陷入不良情绪时可以使用这类方法，在远离不良刺激源的同时，参与自己感兴趣的活动，增进积极的情绪体验，从而摆脱情绪困境。

通过以上几种途径转移思维焦点，可以避免长时间专注于糟糕的事情而钻入思维与情绪的牛角尖，避免陷入思维沉迷与情绪紊乱状态，从而阻断对原来痛苦的情绪经历的体验。

适当想想生活不如你的人

生活中的快乐俯仰皆是，但想要拥有，首先需要平和自己的心境，然后擦亮眼睛寻找。有人曾说："如果你下定决心寻找幸福，内心会充满了幸福的感觉。"当你嫌弃食堂做的饭菜难吃时，总还有人食不果腹；当你埋怨房子不够宽敞明亮时，总还有人在狭窄拥挤的帐篷里酣睡。

我们获得一些快乐的情绪，往往都是在这种比较中实现的。

赵燕在一家外贸公司工作，近几年公司一直不太景气，就进行了裁员，赵燕名列其中。年纪轻轻就丢了工作，赵燕感到非常惭愧，为此她变得郁郁寡欢。老婆压力太大，老公看在眼里急在心上，就建议赵燕去自己公司做打字员。赵燕知道后很恼怒，说自己堂堂名牌大学毕业生怎么能做一个打字员。

一天，赵燕去买报纸发现小区门口多了一个水果摊，摊子很小，上面整整齐齐地码着红苹果、黄橘子和香蕉，让人一看就想买。赵燕也被吸引住了，抬头时发现老板娘整齐利落的着装，再看看自己现在邋遢的穿着，不好意思地笑了。老板娘是个容易相处的人，有一搭没一搭地跟赵燕聊了起来。

一来二往，赵燕了解到老板娘以前是一个公司的主任，公司倒闭后她就开始卖水果了。赵燕就问老板娘："你不觉得委屈吗？"谁知老板娘却笑道："委屈啥啊？好多人还不如我呢！"

赵燕的心一下敞亮了许多，跟老板娘比起来自己已经很幸运了，为什么还闷闷不乐呢？于是回家穿上自己最好看的衣服，去老公的公司应聘了。

赵燕重拾自信，源于她听到了卖水果的老板娘的故事，觉得自己的境况不是最坏的。没遇到卖水果的老板娘以前，她不高兴，她跟自己的过去做了不恰当的比较。生活中不可能事事如意，要心胸豁达，把小麻烦、小挫折当作平静生活中的一点小波澜。

比较是一种寻觅正面情绪的方式，但是拿自己的短处跟别人的长处比较就不恰当了。比较有一个度，学会正确比较才能找到幸福的金钥匙。打蛇打七寸，比较也要注意几个问题。

1.切莫以他人之长攻己之短

上帝在造人的时候非常公平，为你关闭一扇门的同时也会为你打开一扇窗，通过窗户看世界，世界就变得色彩斑斓了。窗户和门都是一种优势，切不可盲目地把两者进行比较。

每个人有自己的风格和特色，羡慕别人有一双美丽的大眼睛的时候，不要忘记自己也有令人羡慕的苗条身材。看不到自己的长处，在情商上是不及格的。

找一张纸，认真仔细地把自己的优势和劣势列一个清单，扬长避短会让你更有自信。

2.观全局方显英雄本色

下棋的时候，一定要深思熟虑，从全局出发才能打败对手。正确的比较虽不像下棋那般直观，但也需要全面地看问题。

比如，每个人都羡慕影视明星们漂亮的服饰、华丽的生活、舞台上优雅的举止、领奖台上闪闪发光的奖杯。你可曾想过，这些光鲜的背后他们淌了多少汗，流了多少泪？

女星们为了保持苗条的身材，每天吃饭定时定量，她们也羡慕你吃饭时的大快朵颐；她们时时处处注意自己的形象，甚至没有自己的私生活，因为人们都在关注她们，稍有不慎就会遭到质疑、批评，你允许你的生活这样被别人肆意评论吗？了解了别人成功路上的点点滴滴时，你的情绪就会平衡了。

3.可以比较，但不可嘲笑他人

与比自己水平低的人比较的确可以帮助我们的负面情绪得到释放，但是如果比较过了头，不但会产生自满的情绪，还可能会说出伤害他人的话，或做出让他人难堪的事情。

所以，我们一定要把握好比较这个度，千万不能过了头，只要达到让自己情绪稳定的效果就可以。

需要注意的是，偶尔想想不如我们的人，只是调节情绪的一个方法，千万不能当成不思进取的借口。

给情绪注满鲜活的泉水

很多人都曾有过这样的感觉：曾经得之不易、充满挑战的工作变得索然无味，毫无乐趣；曾经心心念念、形影不离的爱人再也激不起情感的涟漪，当初的悸动消失得无影无踪；就连曾经最热衷的娱乐活动也不能带来当初的那份快乐。

这就是心理学上的"情绪枯竭"，情绪枯竭产生于心理饱和。"心理饱和"则是指人心理的承受力到了临界值，不能再承受任何的情绪，就是人们常说的厌烦。认为自己所有的情绪资源都已耗尽，情绪的感觉已经干枯，非常疲惫。

心理饱和现象随处可见，且多为负面效应。

在工作中表现为工作压力大，缺乏热情、动力和创新能力，容易产生挫折感、紧张感，甚至对工作有抵触情绪。这是由于长期处于高压的工作环境中，巨大的工作量和高度的重复性，致使人对工作产生了机械性反应，很多职场白领都有这种状态，这很容易导致情绪枯竭。目前，世界各国都把情绪枯竭作为工作倦怠的第一大表现和诱因。如前面提到的工作热情因每天的重复而逐渐减少。

爱情也会饱和，婚后夫妻二人天天厮守，从新鲜到平淡，神秘感一点点地消失，生活慢慢变得平淡乏味，于是彼此开始厌倦，言语不合而互相伤害，甚至由于内心空虚而发展了婚外情。

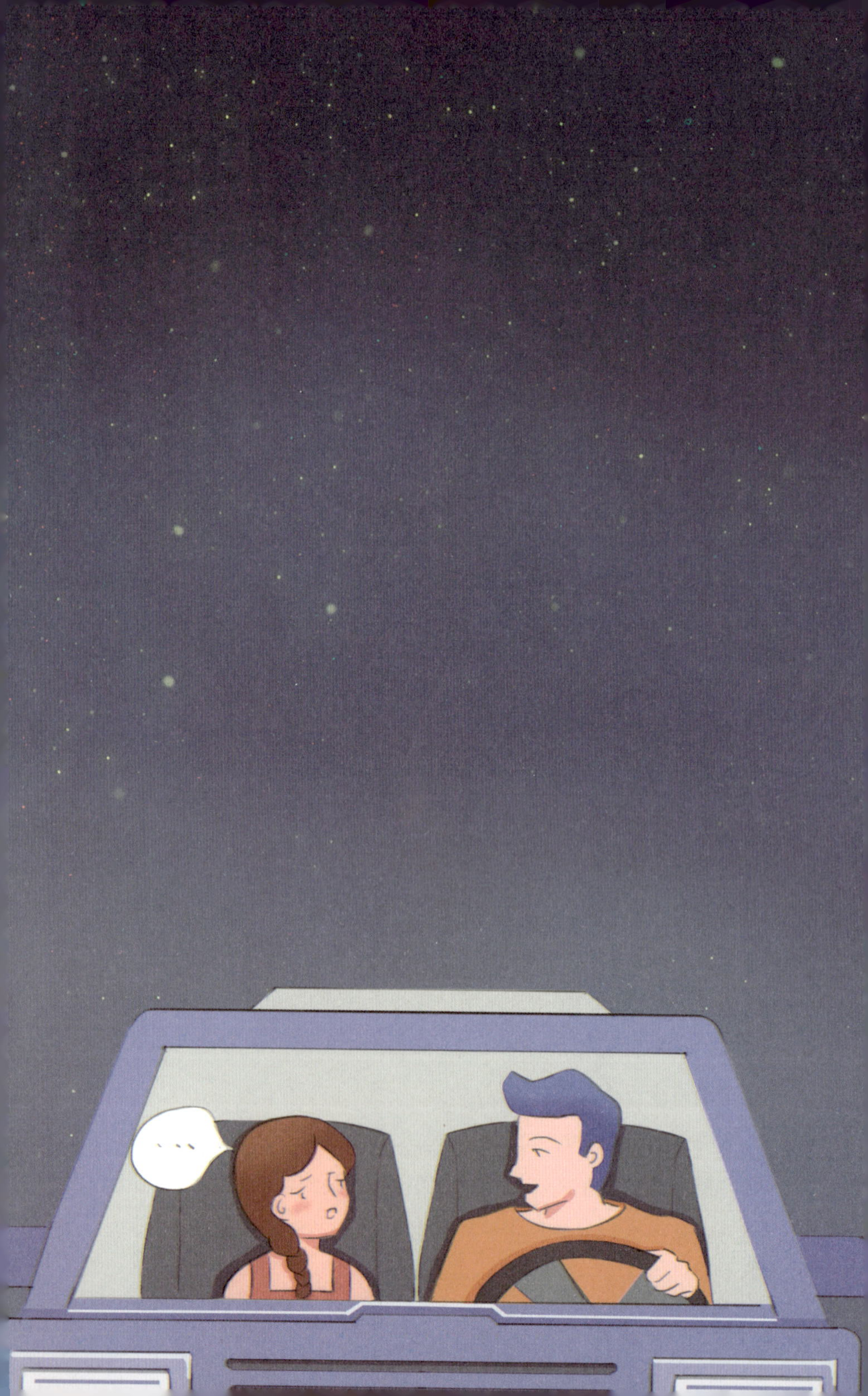

这些都是心理过于饱和的表现。

心理饱和是一种危害很大的心理困境,会吞噬人们的精力与热情,让人失去继续奋斗的动力,生活的目标也被其抹杀,对自身的身心健康产生威胁。

那么,如何摆脱这种困境呢?

对于情绪枯竭者,可以采用多种情绪转移法。例如,当开始厌倦每天重复性的工作时,可以依据性格和爱好,来充实自己的业余生活,比如看电影、散步、游泳、旅游、读书等,转移注意力,缓解厌烦情绪,从而避免产生单调、消极的情绪。除此以外,还可以主动寻找工作中新的挑战和乐趣,这需要完全进入工作状态之后才会体验到,相比一些业余的兴趣更能培养职业情感,预防心理饱和。

如同在一间漆黑的屋子里,什么都看不到,让人恐惧,也让人无奈。这时候如果有阳光照射进来,一切都会明朗。情绪转移就是那束射进漆黑房间的阳光,将积极的、健康的正面情绪带进来,减弱和消除原有的负面情绪,从而恢复与平衡其内心的情绪能量。

化解情绪枯竭需要很多办法协同配合,才能发挥出最好的效果。要寻找多种不良情绪的宣泄途径,积极培养生活乐趣,不断引进新鲜、积极的外界刺激,才能远离情绪枯竭的烦恼。

疲惫时，和工作暂时告别

如果用一个字来形容现在的生活，你会选择哪个字？大部分人选择了"忙"和"累"。社会发展的脚步越来越快，竞争也越来越激烈，这让很多人情绪负荷超标。当我们遇到这种情况时应该怎么办呢？小孩子会很干脆地回答"休息啊"，这时家长就会在一旁苦笑：休息，谁来赚钱？没有钱吃什么、喝什么？但是仔细想想，孩子的话并没有错，累了当然要休息。

从前，在浩渺的大西洋中有一座小岛，小岛不大，但是差不多位于大洋中心。这个小岛是很多候鸟迁徙时的中转站，是候鸟群们疲倦时休息的落脚点。在这里，它们稍稍休息，摆脱旅途中的疲惫，积蓄力量重新踏上征途。

鸟儿们寻找的是一个可以释放自己疲惫的"安全岛"，当你情绪负荷过重的时候，你找过自己的"安全岛"吗？环视一下，大家下班愈来愈晚，回家愈来愈晚，不停地加班加点，不但身体上受不了，情绪也很低落。夜深了终于可以好好休息一下，但是天亮以后又要开始循环，周而复始。

大家都知道，现在计算机是我们最亲密的伙伴，有的人跟计算机在一起的时间比跟恋人在一起的时间还长。可曾想过计算机也很累，早上开机开始工作，午饭时还要担任联络员，下午继续工作，晚上遇到加班还要奋战，就这样白天黑夜超负荷运转，没有休息的时间。但是它一旦死机,恐怕就得更新换代了。机器尚且这样,更何况人的血肉之躯呢?

俗话说:"不会休息的人就不会工作。"每天不知疲倦地工作,效率并不一定高,长期下去疲惫的心灵和身体反而可能拖累了你,身体素质下降,生活质量也会随之下降。累了就休息,要学会享受生活,可以从以下几方面入手。

1.不要事事追求完美

维纳斯的雕像是一双断臂,这样的瑕疵也是一种美,而且正是这种残缺的美深深地打动了人们。生活中因为刻意追求完美而让自己处于紧张的状态是完全没有必要的。试想每天把自己绷得像一根橡皮筋,时间长了,它也就不再有弹性。

要接受人生的不完美。完美是一种理想的状态,是闪闪发光的金字塔的最顶端,是每个人追求的目标,有了它,生活才充满希望。事事都完美了,生活就没有意义了,因此大家应该允许不完美的存在,那说明生活还有发展的空间、进步的潜力。

2.要懂得舍得

舍得，舍得，有舍才会有得，不去舍弃一些东西，怎么会得到更多？有些人得失心太重，想要的东西太多，以致完全没有意识到自己的身体亮了红灯，情绪已经病态。

眼光要长远一些，不必太过计较得失，如果累了、倦了，就给自己放个假，出去玩玩，回来后以更加饱满的精神和昂扬的斗志投入工作中去，收获未必会小。

3.学会忙里偷闲

当工作成为一种习惯，我们想要抽身离开，休息一会儿也并非易事。这个时候就要强迫自己出去散散心，看看错过的春华秋实；听听音乐，洗涤一下心灵；或者享受一顿美食。暂时把自己从繁忙的事务中解脱出来，感受一下另一种气息，也许你会有新的发现，也许蓦然回首时那个萦绕在你心头的问题已经有了解决的方法。

学会从繁忙的工作中抽身，也就大大减小了情绪疾病产生的可能性。有的时候，休息和工作之间并不矛盾，懂得休息，才能以更加饱满的精神面对工作，你的工作效率才会高。

唱歌也能疏解情绪压力

娱乐是非常好的情绪转移方式，卡拉OK就是其中的一种。现在KTV店越开越多，很多人在周末消遣的时候，都会约上三五个朋友，到KTV店里高歌一曲。"K歌"已经成为许多人排解负面情绪、消磨时间、交友娱乐的首选方法。

卡拉OK的风靡也与快节奏的生活紧密相关。在快节奏的生活环境下，身在职场的人们越来越感到工作压力大，很大一部分人为工作所累。但是工作是生活的一部分，工作也是为了更好地生活，于是"努力工作，尽情享受"的理念也得到很多人的认同和倡导。

在KTV里，卡拉OK可以提供很多种的娱乐方式，让每个人都能从音乐的感染力中得到快乐，而且唱歌时经常采用腹式呼吸，这能促进神经兴奋，有助于缓解紧张情绪。K歌以歌曲为由头，又有酒水相伴，很适合缓解胸中的郁结。可以说，KTV里的高歌不仅是一种娱乐手段，更是众多人的心理宣泄手段。

除了KTV，当下人们的娱乐方式也是多种多样，如打高尔夫球、游泳、做瑜伽、旅游，等等。这些活动不仅能帮助你缓解工作的压力，还能促使你养成健康、平衡的生活习惯，促进你的个人成长和能力发展，从而提高你的生活品质和工作效率。更重要的是，这样还能培养自己积极的人生态度，把工作当作快乐的生活过程。

人们常说，如果你没有时间休息，就一定有时间看医生。休息、娱乐也是保证身体健康运行的必要条件，完全可以把自己的业余活动当作本职工作一样认真对待，拿出足够的时间用在它们上面，如此便可保持一种放松、积极的状态。事业上过度的劳累和紧张，不仅不能让自己保持高效明智的状态，而且还会拖垮工作激情，使自己处于工作疲惫期。张弛有度的生活态度应该提倡和鼓励。可以每周腾出一定的时间去消遣、娱乐，放松地享受生活。特别是在事业遇到瓶颈的时候，娱乐活动是帮助自己疏解心中郁结、转移负面情绪的有效方法。

平衡的情绪才能造就幸福的生活。虽然职业或事业在大多数人的生活中占有很大的比重，但是在生活有规律的基础上，留出时间与朋友和家人相聚、参加健身运动、丰富精神生活、发展自我也同样重要。写时间日记，能看清楚自己的生活究竟在哪里失去了平衡。如果对自己过去的生活状态不清楚，那将很难掌握或调整生活的天平。

不要等情绪敲响警钟，再去花钱找心理医生解决，不妨现在就放下恼人的工作，花一些时间在娱乐休闲上，而后带着激情重新投入工作。

第三章 别让不良情绪毁了你——情绪调控

稳定的情绪状态为你的决策加分

很多人有极好的头脑，有专业的学识，却依然和成功失之交臂，这都源于他们在关键时刻没有保持稳定的情绪。即使另外两项优点再突出，有了情绪控制这块短板，也无法做出正确的判断，从而无法成功。

我们要想做出正确的决策，一定要用自己强大的意念去控制情绪，而不能让情绪控制自己，要用冷静而理性的判断来展现自己的实力。

王华是一个视工作为生命的人，平时没有多少时间陪伴孩子和家人。由于长期跟儿子缺少沟通，儿子在家不听他的话，在学校总惹事，老师经常往家里打电话。一天王华刚到公司，老师的电话就追来了，老师告诉他儿子在学校又跟人打架了，这次很严重，把一个同学打得头破血流，并且住院了。

王华生气地赶到学校，看到儿子的一瞬间，他觉得全身的血液直冲脑门，上前一脚把儿子踹出去半米，吼道："你到底想干什么？不想上学给我滚回家。"儿子不服地嚷道："我想怎样就怎样。"

王华气急败坏地把儿子拖回家关进房间，这时助理打电话说一个客户要求去工厂参观，然后再做决定。正在气头上的王华冲着电话吼道："他们不是参观过一次了吗？还想看什么啊？今天怎么这么多烦心事啊，烦不烦啊？"说完就把电话挂了。

第二天王华来到公司，才发现昨天做了一个错误的决定。客户听完他说的话后，毅然决然地取消了协议。助理再联系王华时，王华已经关机了。王华后悔极了，但是为时已晚。

王华在不理性的状态下做了不理性的决定，结果损失是惨重的，所以尽量不要在情绪不佳的时候做决定。

要想做出准确而成功的决定，首先学会抵御负面情绪的困扰。

任何一个人都不会随随便便成功，通往成功的道路上总是布满荆棘。成功的人真的智力超群吗？其实也未必。

杰出人士往往有着超强的心理素质，能够轻而易举地调控自己的情绪，即使是在最危急的时刻也能保持冷静、心系希望，做出正确的决策，从而化险为夷。时刻保持心情舒畅，不以物喜，不以己悲，方能在慌乱之中显英明。

当然，世界上也没有无缘无故的失败。失败往往是负面情绪的恶性循环。遇事不顺利时，失败者往往怨天尤人，意志消沉，抑或怒气冲冲，乱做决定。任凭自己的负面情绪肆意发展，眼睁睁地看着将要到手的机会溜走。偶尔取得一点成就，他们就得意忘形，目中无人，令人心生厌烦，为成功之路徒增障碍。

是非成败往往在人的一念之间，而做出决定往往受到情绪的影响。因此，合理控制自己的情绪是人生道路上首先应该学会的一课。怎样在情绪不佳时做出明智的决定呢？以下是几种处理不良情绪时的注意事项。

1.不可操之过急

遇事顺其自然，不可操之过急，车到山前必有路，船到桥头自然直。就像你做一道证明题，一环扣一环，环环相扣才正确。不能破坏事情发展的规律。

2.在气头上时先从一数到一百

尽量不要在自己气急败坏的时候做任何决定。人犯错误往往会因一时感性而起，这时的你就像多数恋爱中的人——智商下降。情绪不佳时，从一数到一百，等情绪慢慢平复到正常水平时再做决定。

3.不要受他人情绪的影响

有的时候，我们会受到他人情绪的影响，别人的一句话、一个眼神可能都会使我们的情绪发生变化。所以，自己一定要对别人的言行有一个清醒的认识，切忌偏听偏信，要有自我的判断。

4.切莫得意忘形

乐极而悲，悲极生乐。大喜大悲时，人的心情都处在激动的状态下，这个时候做出的决定往往不是最正确的。得意而忘形，人的防备心、思考力就会下降，此时不宜做决定，以免增加错误的概率。

不断做出的正确决策让人实现最终目标，而在不良情绪下做出的不理性决策则往往导致失败。要避免任何一种可能导致失败的不良情绪，如果产生了，要及时阻止它的蔓延。

多从正面探讨情绪的意义

情绪是人的多种精神活动的重要组成部分。在对世界的认知过程中，人的各种态度由此形成，同时也产生了相应的情绪。情绪会随着年龄、环境、事件、心态的变化而产生相应的变化。情绪作为一种个体对客观事物的主观体验，会反作用于人们的行为。在生产生活中，它起着至关重要的作用。概括起来，情绪主要有表达、动机、催化、适应、动力等五种作用。

人是一种群居动物，日常生活中，不可避免地要与各种人物打交道。人的动作、表情、语气语调等是情感的外在表现，也是思想的信号，可以起到表达和交流信息、思想的作用。

在某些特殊情况下，无法运用语言来表达彼此的想法、愿望、需要、态度或观点时，就需要通过表情来传递信息。在与人交流的过程中，情绪起到了重要的作用，它可以将你内心的想法以最直接的方式表达出来。如果你想得到其他人的认可，就必须先要认可自己，同时表现出极大的自信。这样与你接触的人就会受到感染，逐渐认可你。

个体行为的内在动力是动机，它指引着人们有目的、有序地进行着某些行动。如果想要拥有一个使活动效率提高的动力就要依靠情绪，它可以使人的活动状态处于最佳阶段。然而有时因为人际关系的不协调或生活工作发生巨大变化，也会产生一些压力或是焦虑。但是我们不用畏惧它们。其实人的心理并没有想象的那样脆弱,所以我们不要谈虎色变,一提到"压力"就有一种抵触心理。有时,在思考问题或是解决问题时恰恰是需要一些压力和焦虑的,即"压力就是动力"。当然凡事都要掌握一个度,适当的压力对我们是有益的,然而压力过大就会起反作用了。

紧张与焦虑也是同样的。适当的焦虑可以使人勇于面对困难和挑战,同时也可以增强自信心。适当的紧张则会使人重视某些事情,以做好万全的准备,最后取得成功。然而当紧张与焦虑达到临界点时,就会产生不良的后果。如果感到心跳加速、精力分散、动作失调,就说明你感到压力很大,这正是对某件事情过于重视而引起的。正如有些学生在面对中考、高考时,会因为过度的紧张和焦虑而不能考取理想的学校,甚至会名落孙山。

在人与人的交往中,情绪还具有催化剂的作用。一个乐观、风趣的人要比悲伤、沮丧的人的吸引力和感染力强,因为每个人都希望与开朗的人交往,从而受到感染,或得到更多的积极情绪。而与具有消极情绪的人沟通时,就容易变得情绪低落,产生消极情绪。特别是在团队的协作中,这一作用会更加明显。在团队中,积极情绪可以起到润滑剂的作用,同时还具有传递信息、沟通思想、增进友谊、联络情感等作用。积极情绪还可以制造一种和谐的氛围,在一定程度上化解队员之间的矛盾,使得队员可以团结做事，同时，队员们的情绪也会相互影响，催化事情的发展，或走向成功，或走向失败。

在物种演变的过程中，所有的情绪都只是一些具有适应价值的行为的反应模式。为了完善自身生存的环境和条件，情绪也被人类保留。现代社会，人们生活工作的环境频繁更换，只有摆脱由于新环境、新事物带来的焦躁情绪，才能更快地适应新的学习、生活和工作，否则不仅会降低办事效率，而且会对身心健康造成负面影响。此时，微笑是与人沟通时最好的工具。无论面临的是多么难缠的人或多么窘困的状况，问题都会被很好地解决，因为微笑即代表了认可、鼓励以及极强的信心。

同时，情绪的动力作用也是不容忽视的。每个人每时每刻都在追求更加美好的生活。在追求的过程中，动力起着至关重要的作用，而情绪就是动力的源头，因此情绪的作用不容小觑，它的力量是无法估计的。情绪的不同，也会产生不同的作用。积极作用来源于积极情绪，消极作用自然来源于消极情绪。同时研究发现，积极的情绪还可以提高人体的免疫力，增强抵抗能力，激活人体的生理功能。从而使人们达到最佳的状态，提高工作效率。

情绪无时无刻不在影响着我们的生活，对我们起着各种各样的作用。情绪不同，自然其产生的作用也会不同，然而如果我们希望情绪产生的作用都是积极的，那么就应该时刻保持一种积极的情绪，学会微笑，学会用积极乐观的情绪感染他人，也感染自己，拉近人与人之间的距离，也使自己充满活力。只有如此，才能够使生活变得更加美好，使工作效率大幅提高，让自己感受到最大的幸福。

九型人格中的情绪调控

性格是一种与社会关系最密切的人格特征，表现人们对现实和周围世界的态度，并表现在人们的行为举止中，而这些行为举止恰恰是在情绪的控制下进行的。也就是说，不断的情绪累积，形成了一个人的性格。例如，一个人每天开开心心的，没有什么烦恼，喜欢与人沟通，那么我们就说这个人偏外向；反之，如果一个人心思比较重，顾虑太多，不善于和人交流，我们就说他性格比较内向。

既然性格与情绪有着这样紧密的关系，那么我们就通过对自我性格的调控来进行情绪调控。心理学认为，性格并不是天生的，而是在后天社会环境中逐渐形成的，因而也是可以改变的。例如，一个本来很单纯的人，进入一个复杂的环境，时间长了就会变得比较圆滑世故。

由于性格对人类生活的重要性，自古以来就有很多人对其进行研究，并进行了概括总结，因而关于性格的分类有很多种。在这里，我们采用时下最流行的"九型人格"分类法来进行情绪调控。具体来说，就是通过对人们各自性格的调节，来达到愉悦生活的效果。具体方法我们将在下面几节分别介绍，这里我们先来熟悉一下什么是"九型人格"。

顾名思义，九型人格其实就是把性格概括为九种，每个人都会属于其中的一种。在九型人格之中，没有哪一型是"男人专属"，也没有哪一型是"女人专属"。更没有哪一型比较好，哪一型比较差的绝对价值观。事实上，每一型的人都各有其优缺点，只要扬长避短，发扬优点，抛弃缺点，就会达到我们控制情绪的目的。

九型人格，具体指以下9种类型的性格。

1.完美主义者

具有完美主义性格特点的人，总是希望得到别人的肯定，害怕出现任何差错，他们对待工作和生活的态度永远是精益求精，追求至善至美。他们的脸上总是布满凝重的表情，对待一顿饭如同对待一场外交一样慎重。

2.给予者

这样的人平时总是温和而友好的，因而非常讨人喜欢，他们从小到大，生活的意义似乎都是为了让别人开心。小时候，为了得到父母的奖励，他们做乖孩子；上学后，为了让老师赞赏，他们成了好学生；后来，为了伴侣的开心，他们又总是想尽办法做个好丈夫或好妻子。

3.现实主义者

"天下熙熙，皆为利来，天下攘攘，皆为利往。"这句话送给现实主义者再合适不过。他们的身上有着难能可贵的务实精神，从不将精力浪费在"无用"的地方，他们在做一件事情的时候总是不断分析它的利弊。与此同时，他们可能是很有"表演"天赋的一群人，他们会用不同的表情来面对不同的人，有时候难免让人觉得虚伪。

4.浪漫主义者

这种类型的人是天生的艺术家，他们高兴的时候尽情地开怀大笑，伤心的时候号啕大哭而不惧怕别人的眼光。他们生活得最自我也最真实，很少看到他们的虚伪和做作。尽管如此，他们的身上总有一股忧郁的气息，让人难以捉摸。

5.观察者

这类人不喜欢与人交往，宁愿孤独地面对整个世界。在工作上，他们的理性让他们很少感情用事。他们和任何人交往都是

"君子之交淡如水",他们不会让别人走进他们的内心,当然,他们也没有兴趣走进别人的内心。

6.怀疑论者

他们的脸上总是一副怀疑的表情,他们难以相信任何人,甚至对自己也不信任。信任危机一直困扰着他们。

7.享乐主义者

他们的脸上永远洋溢着快乐,烦恼在他们的心里不会驻足太久。对于他们来说今朝有酒今朝醉是非常好的生活哲学,因为生命太短暂,要抓紧时间享受。

8.领导者

领导者给人的印象是严肃而有威严的。他们从小可能就是那些调皮捣蛋的孩子王,长大了那种领导众人的魅力也就显现出来了。他们可能是为了帮助弱小者挺身而出的人,也可能是为了反对某种不合理的制度而带头"革命"的人。他们身上的正义感很强,愿意保护社会中的弱势群体。然而,他们喜欢命令人的脾气可能不会受到周围人的欢迎。

9.协调者

合纵连横,纵横捭阖,这是协调者的强势。他们脾气好,能够说服别人,因而无论走到哪里都会留下一个好人缘。但是,他们天生缺乏决断能力,在重大事情面前总是摇摆不定。

这里只是对九型人格进行了一些简略的叙述,有兴趣的人可以找来相关的著作,或者在网上找一些资料,进行深入研究。

另外，你还可以进行一些性格测试，确定自己属于哪一类性格，再有针对性地对自我情绪进行调整。

不要被小事拖入情绪低谷

工作中，使人分心的原因有很多，如发生突发状况，本来自己已经计划好了工作程序和工作时间，然而正当自己准备开始有条不紊地工作的时候，发生了一些突发状况，打乱了自己的计划，使工作不得不延期。此时，人的情绪就会十分低落，产生强烈的挫败感。

童先生在某公司任职，工作时总是无法集中精力，这个问题一直困扰着他，造成他的工作效率很低。于是，他向心理专家求助。专家对他的生活工作情况了解分析后得出结论，使童先生分心的原因就是嘈杂的工作环境。他们公司的人说话的声音很大，同时进出他办公室的人也非常多，而且十分频繁，这样就使得童先生无法集中思考。对此专家给他提出了一些建议。比如，在思考问题时，可以选择一个比较安静的地方，例如会议室、图书馆或是在市郊的公寓里。这些地方都有助于集中精力，思考问题。如果寻找这些地方不是很容易，也可以在办公室的门上悬挂一张"勿扰"的警示牌。

不仅是童先生，我们每个人在工作中都会遇到相似的问题。这些干扰，不仅会影响你的情绪，也会使你的工作效率降低。所以，干扰已经成为困扰工作人士的一个十分普遍且棘手的问题。

根据调查显示，办公室内干扰的另一大因素是纸张泛滥成灾。在政府机关、事业单位里这种问题尤为突出。到处都是文件、书籍、报告等文本，其中大多数都是无用的纸张。这些纸张在填满办公室的同时，也将你的视野填满，使你的视野变得狭窄，情绪也会随之变糟。

办公室内嘈杂的环境、同事的大声喧哗、老板的呵斥声，等等，这些都会影响情绪。可以用以下方法排除琐事对情绪的干扰：

1.清理你的办公室

如果你的办公室里也被各种纸张填满，那么你应该尽快将它们整理一下，可以先将有用的部分挑选出来，再将特别重要但不常用的资料保存起来，而将常用的且相对重要的文件放在能够容易看到的地方。至于短时间内无法翻阅的书籍就要放入抽屉或是柜子里，等有时间时再浏览。最后就可以将挑选剩下的纸张捆扎起来扔掉或卖掉。这样不仅能更好地利用办公室的空间，也可以开阔你的视野，使得心情舒畅。

2.换个新环境

面对嘈杂的办公环境，应该学会自我调整，逐渐摆脱影响情绪以及干扰你工作的各种不利因素，同时也要找到适合自己的解决方法。比如可以尝试换一个安静的环境，选择图书馆或咖啡厅等人比较少且安静的地方。如果条件允许，最好可以回家工作，或许会收到意想不到的效果。

3.利用信念，学会习惯

经理、主管等人，他们是无法挑选自己的工作环境的，同时每天还要完成大量的工作，而且要管理下属、奖惩他人、与老板沟通、应付难缠的顾客、评估员工的表现，等等。这些工作都会使他们的情绪产生波动。那么此时，就要学会利用自己坚强的信念来控制自己的情绪，并慢慢地习惯这些状况以及恶劣的工作环境。俗话说习惯成自然，即当你习惯以后，这些情况就会成为你工作中的一部分，它们自然就不会对你产生压力。正如有些人打呼噜，但是他们的爱人依然可以酣睡如常。

身边的琐事每时每刻都在发生，它们会不同程度地影响你的情绪，你却可以换个环境或是利用信念来摆脱它们，达到怡然自若的状态，而你的工作效率也会随之提高。

给生活加点让人愉悦的色彩

我们每个人——除了色盲，恐怕都不会对颜色麻木不仁。不同的颜色会给我们带来不同的心情，这是每个人都能体会到的。例如，当你抬起头，看到的是湛蓝的天空，一定会感觉神清气爽；而如果看到的是一片乌云，一定会心情压抑。再例如，不同色调的画作和摄影作品，会使我们感受到不同的心情；房间里墙壁刷上不同的颜色，也会让我们的感受不同；甚至我们会根据不同的心情和个性，选择不同颜色的衣服，等等。这些都说明，颜色具有影响人情绪的特性。有的时候，这种影响是至关重要的。

国外曾发生过一件有趣的事：有一座黑色的桥梁，每年都有一些人在那里自杀。后来，有人提出把桥涂成天蓝色，结果自杀的人就明显减少了。再后来，人们又把桥涂成了粉红色，在那里自杀的人就一个都没有了。

从心理学的角度分析，黑色显得阴沉，会加重人的痛苦和绝望的心情，容易把本来心情绝望、濒临死亡的人，向死亡更推进一步。而天蓝色和粉红色则容易使人感到愉快开朗，充满希望，所以不容易让人产生绝望的情绪。

心理学家对颜色与人的心理健康之间的关系进行了研究。研究表明，在一般情况下，红色表示快乐、热情，使人情绪热烈、饱满，激发爱的情感；黄色表示快乐、明亮，使人兴高采烈，充满喜悦；绿色表示和平，使人的心里有安定、恬静、温和之感；蓝色给人以安静、凉爽、舒适之感，使人心胸开阔；而灰色则使人感到郁闷、空虚；黑色使人感到庄严、沮丧和悲哀；白色使人有素雅、纯洁、轻快之感。

心情也可以画出来

通常，人们什么时候会有什么样的"心情"，只有他们自己知道。因为，心情是一个看不见、摸不着的东西，它是个人的直接感觉，旁人只能从他的脸色、行为等来察觉。那么，如何具体地了解自己的心情，以便管理它呢？"心情谱"就是一种好方法，它能直观、具体地体现心情，从而便于个人掌握自己的情绪。

"心情谱"是借助物理的光谱、波谱及色谱的概念来完成的。画"心情谱"只需要一支笔、一张白纸即可。

张小姐很喜欢学函数，她觉得那些数点围绕着坐标轴上上下下地起伏非常有意思，于是她自创了一种记日记的方式——绘制函数图。

每天，当忙完了一天的事务之后，她就拿出自己的日记本整理心情，然后根据心情的变化绘制出函数图，她还会标出每个数点，然后在旁边标示出发生的事情。当心情好的时候，她的函数曲线就是一直上升的，而当心情出现起伏的时候，从函数的曲线上她一眼就可以看出究竟是什么事情影响了她的心情，但是当心情特别差的时候她的函数曲线就是一直下降的。比如当她工作晋升、事业顺利的时候，函数曲线就会上升得特别快，而因为工作出了些问题、生活出现意外的时候，函数曲线就出现起伏，但是当亲人离世的时候,她的函数就会一下子降到图纸的最低端。张小姐就是用曲线来表述自己心情的。

每当张小姐空闲的时候,她就拿出自己的函数心情图,发生的事情和当时的心情都一目了然,尤其是波峰和波谷。虽然都是极平常的琐事,但是张小姐每每查看的时候,内心都非常充实。她还说,当她现在再回头看过去发生的事情时,发现过去她认为痛苦不堪永远过不去的坎其实也没有那么可怕,她惊讶自己的成长,觉得应该坦然地面对人生,多做一些有意义的、让自己开心的事情。

张小姐绘制的心情函数图,就是一个心情的"谱"。那么,"心情谱"是如何画的呢?可以首先在白纸上画上"数轴",然后从左到右在直线上平均画出10个刻度,分别写上1至10的数字。

1到10分别代表不同的心情,如1、2、3表示坏心情:痛苦、郁闷、伤心等;4、5、6表示一般的心情:平淡、安静、索然无味等;7、8、9、10表示开心、温暖、兴奋、惊喜等。当遇到事情的时候,你可以在"心情谱"上选择对应的词语,从而了解自己的心情指数,便于了解自己的情绪波动情况。

经过一段时间后,如果发现自己的心情指数波动比较大,经常出现波峰和波谷,那则说明自身的情绪比较丰富,容易不稳定,可以查看是什么原因导致自己情绪出现波动,从而有针对性地调控自己的情绪。如果心情指数波动不大,比如经常保持在平淡、安静等状态时，则说明情绪相对稳定。

我们还可以借助"心情谱"了解一个人的心情背景，当心情谱多数偏右的时候，即心情指数经常在5以上，则说明你的心情背景比较积极明朗，你的精神状态比较健康；如果心情谱多数偏左，心情指数多在5以下，那么你的心情背景较为消极阴郁，你的精神状态就相对较差。

情绪影响人生，"心情谱"对于一个人了解自己的情绪，规划自己的人生非常有用。美国著名的社会心理学家马斯洛曾说："心若改变，你的态度跟着改变；态度改变，你的习惯跟着改变；习惯改变，你的性格跟着改变；性格改变，你的命运跟着改变。"换言之，你拥有一个怎样的心态，就会拥有一个怎样的人生。

其实，对于我们每个人而言，每一天都是新的，每一天的心情也都是新的，好的心情会让我们感受到生命中更多的色彩。就如亚里士多德所说，生命的本质在于追求快乐，而使得生命快乐的途径有两条：第一，使你快乐的时光，享受它；第二，使你不快乐的时光，抛弃它。快乐的人不是没有忧郁和悲伤的时候，只是他们心中的阳光驱散了忧郁和悲伤的阴影。

当情绪不稳定的时候，不妨试试给自己的生活画一张这样的"心情谱"，了解自己的情绪，并调控好它。

走出情绪调适的误区

良好情绪是提高生活质量的基础，它有利于促进健康、学习、工作和生活。评定良好情绪的标准主要有以下几点：情绪反应有一定原因；能够控制自己的情绪变化；情绪反应不过度，适度合理；心情愉快，心境稳定、乐观。

生活中，不可避免会产生不顺心的事情，从而可能引发悲观、焦虑、恐惧、愤怒等情绪。拥有这些情绪是不可避免的，但要懂得调适这些情绪，以保持健康身心。但是，在调适情绪时，人们很容易陷入以下3个误区。

1.误认为情绪调适就是使人时时"快乐"

现实生活中，"快乐"已经成为人们非常频繁而贴心的祝福，只有这种情绪体验显然不够。不能为了总是拥有快乐而刻意去回避随时可能遇到的矛盾和困难。

丰富多彩的生活决定人们应该有各种各样的情绪体验。情绪按体验的程度可分为心境、激情、应激。常说的"快乐""开心"即心境。情绪健康的人的主导心境应是乐观向上。情绪具有两极性，当你紧张而不知道如何放松时，可以试着攥紧拳头，当松开拳头的那一瞬间即可体验到放松的感受。

2.误认为情绪调适只是方法问题

人们在情绪调适的问题上通常仅仅注重自我暗示、咨询、宣泄等具体的调适方法。实际上，形成正确的认知、养成快乐的习惯才是情绪调适的根本方法。明确自己的定位、目标、优势和不足，而不去追求不切实际的目标，才是保持良好情绪的关键所在。勇于承认自身存在的不足，不刻意压抑自己，消除虚荣心，对别人的评价也不要过分敏感。如此这般，才不会因无法达到预期目标而产生不良情绪，才能更清晰地认识到自身不良情绪引发的原因，而后合理地处理事情，而不是遇到不好情况就过分紧张。

3.误认为情绪调适只是成年人的事

对于成年人的不良情绪，人们通常可以理解，对于儿童身上出现的不良情绪许多人却理解不了，如经常听到大人对小孩说"小小年纪，烦什么烦"。但是，研究表明，相比成年后的经历，童年时期的经历对人一生的心理影响更大，对情绪的影响也是如此。成年人不良情绪的产生通常可以追溯到他们童年时期的经历。因此，儿童成长中出现的情绪问题必须引起重视。要重视儿童的情绪调适问题，使儿童积累各种类别的情绪。当儿童出现不良情绪反应时，要积极、合理地引导他们，让他们从小养成情绪调适的习惯。

情绪调适能反映出一个人的智慧、习惯、人的精神意志和道德水平。情绪调适与人的童年经历密切相关。从情绪调适的误区中走出去，使自己拥有持久稳定的良好情绪。

第四章 给负面情绪找个出口——情绪释放

他人给的负面情绪不要留在心里

人们的情绪不仅受到自身行为、信念的影响，同时也受到他人情绪的影响。现代社会随时随地都发生着人与人的交往，处在这样的环境中，我们不可避免地会受到他人情绪的影响。他人健康的积极情绪会带来好的影响，而他人消极的负面情绪也会带来负面的影响。一旦他人的不良情绪影响到我们，能否正确地处理这些情绪将关系到是否能保持我们的身心健康。

对待别人给我们的负面情绪，每个人的解决方法不同，所以不必用别人的方法套用在自己身上。但是得到普遍认识的一点是，压制这种负面情绪是最不可取的方法。

心理学家在大量的实验后也发现，在受到来自他人的不良情绪影响时，一味地隐藏与压抑并不利于身心健康，长期的情绪压抑会导致沮丧和疲惫，甚至会诱发习惯性头痛。

但是情绪的表达并非在任何时候都有正面作用。如果情绪表达时过于激动，或者情绪发泄之后不能很快从其中走出来，那么情绪的发泄只会造成自身的损害。例如，在双方意见不同时针锋相对，互不相让，则容易产生更多的情绪问题。

对于来自外界的情绪不速之客，没有统一、绝对的应对之法，唯有了解并掌握通常的应对技巧，才能最大限度地避免负面情绪的困扰。

1.换位思考，对事不对人

当冲突发生的时候，首先应该做的就是冷静下来，理智地分析问题，把人做的事和做事的人区分开来，如果做事的人引起了我们的负面情绪，那么我们需要说服自己换位思考，试着站在对方的立场上思考问题，这是寻求解决之道的捷径。同时用尽量平静的语气告诉他："我的不满是针对你做的事，而并非针对你个人。"

2.情绪释放要及时

如同之前提到的，释放情绪的方式并不适合每一个人，但这并不能否认情绪释放是个不错的方法。就好比艾克哈特·托尔曾描述过的两只鸭子，在动物的世界里并不缺少冲突，但它们处理冲突的方式有时也值得人类借鉴：两只鸭子在发生冲突之后，马上会各自分开并释放累积的多余能量。然后它们就能像冲突发生之前一样继续安详地在水面上漂流。

快速摆脱不良情绪是一种重要的情商，能够帮助人们将情绪释放或转移，同时减少压力，对身体状况亦会有正面的影响。

3.情绪表达要适度

如果只是一味地换位思考，替他人着想或者压抑自己的情绪并不能解决问题，而且对我们的身心毫无益处，正确的做法是择机适度地表达出我们的不满、愤怒和谴责，在给自己不良情绪找到出口的同时也能让对方明白我们的立场。

重点在于"择机"和"适度"，这些并不是一朝一夕能够领悟的，这里有个表达方面的小技巧，比如要表达"你很自私"的意思时可以这样说"你在做这件事情的时候并没有考虑到我，我觉得被遗忘了"。

4.压制而不压抑负面情绪

压制和压抑一字之差，却有根本的不同，虽然同样是控制情绪发泄，但从结果上讲，压制负面情绪能够让我们保持良好的人际关系，而压抑则会给我们的身心带来不好的影响。从意识上讲，压制是暂时地控制情绪发泄，是一种自动自发地控制，而压抑是长期的、习惯性地压制情绪，比如敢怒不敢言。

在负面情绪中，愤怒算是最为激烈的一种，有人说它应该被发泄，因为有益于身心健康；也有人说它应该被压制，因为有益于他人。心理学家卡罗尔·塔弗瑞斯更倾向于压制，他曾说，如果你是一个有责任感的人，那么你就应该压制愤怒，因为这是正确的做法。

当不可避免地被他人的负面情绪传染时，我们要对自己的情绪负责，积极主动地采取健康的、有益的措施，化解他人的负面情绪对自己带来的影响。

为情绪找一个出口

情绪的宣泄是平衡心理、保持和增进心理健康的重要方法。不良情绪来临时，我们不应一味控制与压抑，而应该用一种恰当的方式，给汹涌的情绪找一个适当的出口，让它从我们的身上流走。

在我们的生活中，可能会产生各种各样的情绪，情绪上的矛盾如果长期郁积心中，就会引起身心疾病。因而，我们要及时排解不良情绪。很多时候，只要把困扰我们的问题说出来，心情就会感到舒畅。我国古代，有许多人在他们遭到不幸时，常常赋诗以抒发感情，这实际上也是使情绪得到正常宣泄的一种方式。

有人经过研究认为，在愤怒的情绪状态下，伴有血压升高的状况，这是正常的生理反应。如果怒气能适当地宣泄，紧张情绪就可以获得松弛，升高的血压也会降下来；如果怒气受到压抑，长期得不到发泄，那么紧张情绪得不到平定，血压也降不下来，持续过久，就有可能导致高血压。由此可见，情绪需要及时地宣泄。

尽管自控是控制情绪的最佳方式，但在实际生活中，始终以积极、乐观的心态去面对不顺心的外部刺激，是非常难做到的。所以，人们在控制情绪时常常综合应用忍耐和自控的方法,而且,为了顾忌全局,暂时忍耐的方法用得更多。所以,尽管在面对不愉快时会努力做到自控,但往往并非能做到真正的洒脱,还需要检验个人的忍耐力。然而,每个人的忍耐力都是有极限的,当情绪上的烦躁、内心的痛苦达到一定程度,最终会非理性地爆发出来。所以,在实际生活中,不能一味地压抑情绪,要懂得适当地宣泄,为自己的负面情绪找一个"出口",将内心的痛苦有意识地释放出来,而要避免不可控地爆发。

有天晚上,汉斯教授正准备睡觉,突然电话铃响了,汉斯教授接起了电话,他一听才知道电话是一个陌生妇女打来的,对方的第一句话就是:"我恨透他了!""他是谁?"汉斯教授感到莫名其妙。"他是我的丈夫!"汉斯教授想,哦,打错电话了,就礼貌地告诉她:"对不起,您打错了。"可是,这个妇女好像没听见,如竹桶倒豆子一般说个不停:"我一天到晚照顾两个小孩,他还以为我在家里享福!有时候我想出去散散心,他也不让,可他自己天天晚上出去,说是有应酬,谁知道他干吗去了!"

尽管汉斯教授一再打断她的话,说不认识她,但她还是坚持把话说完了。最后,她喘了一口气,对汉斯教授说:"对不起,我知道您不认识我,但是这些话在我心里憋了太长时间了,再不说出来我就要崩溃了。谢谢您能听我说这么多话。"原来汉斯教授充当了一个听筒。但是他转念一想,如果能挽救一个濒临精神崩溃的人,也算是做了一件好事。

这位陌生的妇女之所以选择了汉斯教授作为自己情绪的出口，就是因为彼此不认识，这名妇女能轻松地将自己的情绪倾倒出来，而不会引起恶性循环。

所以，我们要找到合适的发泄情绪的管道，当有怒气的时候，不要把怒气压在心里，对于情绪的宣泄，可采用如下几种方法。

1.直接对刺激源发怒

如果发怒有利于澄清问题，具有积极性、有益性和合理性，就要当怒则怒。这不但可以释放自己的情绪，而且是一个人坚持原则、提倡正义的集中体现。

2.借助他物发泄

把心中的悲痛、忧伤、郁闷、遗憾借助他物痛快淋漓地发泄出来，这不但能够充分地释放情绪，而且可以避免误解和冲突。

3.学会倾诉

当遇到不愉快的事时，不要自己生闷气，把不良心境压抑在内心，而应当学会倾诉。

4.高歌释放压力

音乐对治疗心理疾病具有特殊的作用，而音乐疗法主要是通过听不同的乐曲把人们从不同的不良情绪中解脱出来。除了听以外，自己唱也能起同样的作用。尤其高声歌唱，是排除紧张、舒缓情绪的有效手段。

5.以静制动

当人的心情不好，产生不良情绪体验时，内心都十分激动、烦躁，坐立不安。此时，可默默地侍花弄草，观赏鸟语花香，或挥毫书画，垂钓河边。这种看似与排除不良情绪无关的行为恰是一种以静制动的独特的宣泄方式，它是以清静雅致的态度平息心头怒气，从而排除沉重的压抑。

6.哭泣

哭泣可以释放人心中的压力，往往当一个人哭过之后，发现心情会舒畅很多。

当然，宣泄也应采取适当的方式，一些诸如借助他人出气、将工作中的不顺心带回家中、让自己的不得意牵连朋友等做法都不可取，于己于人都不利。与其把满腔怒火闷在心中，伤了自己，不如找个合适的出口，让自己更快乐一些。

不要刻意压制情绪

马太定律指的是好的越好，坏的越坏；多的越多，少的越少的一种现象。最初，它被人们用来解释一种社会现象，例如，社会总是对已经成名的人给予越来越多的荣誉，而那些还没有出名的人，即使他们已经做出了不少贡献，也往往无人问津。

其实，这一定律同样适用于人的情绪。也就是说，那些快乐的人，会越来越快乐；相对应的，那些压抑的人，总是感到越来越压抑。我们经常会看到这样一些人，他们总是抱怨自己人生的不如意，并由此产生了一系列的压抑情绪的心理问题。

心理学研究表明，情绪需要的是疏导而不是压抑，要勇敢地表达自己的情绪，而非拼命地压制。当你大胆地表达出你的真实情感时，目标将有可能实现，反则将事与愿违。

白雪是一个很美丽的女子，老公是她的初恋，因为爱，她一直都在迁就他。从大学恋爱到结婚，一直如此。而他，则有着别人不能反抗、永远是他对你错的嚣张气焰。他不喜欢她工作，她就得放弃工作在家带孩子。他不喜欢她的朋友，她就乖乖地一个朋友都不见，渐渐失去了一切朋友。每当他心情不好时，她都对他百般迁就与迎合，希望老公在自己的关爱与包容下，情绪会有所改善。可是，日子一天天过去，他的脾气非但没有改善，反而愈演愈烈。

她纵然有一千个想法，也从来不敢表达。她努力地迎合公公婆婆，得到的却永远是白眼多于黑眼的冷漠。她不敢对老公说让公公婆婆搬走另住，只好继续默默承受着除了丈夫之外的公公婆婆的冷暴力。

她从此很少说话，保持着令人崩溃的沉默，把一切放在心里。却不曾料到，在这样的环境中，小时候非常活泼可爱的女儿居然也学会了迎合她的情绪。看到白雪哭的时候，她会安慰妈妈，唱歌给妈妈听，说老师夸奖她之类的话，其实白雪知道老师并没有表扬她。孩子在学校非常自闭，没有朋友，常常一个人呆呆地不说话。这让白雪非常揪心。

9年的婚姻，9年的迎合，她从一个活泼快乐的公主变成了一个深度抑郁的女人，还影响到了孩子的成长。

白雪一味将自己的情绪压抑下来，其实对她的婚姻一点好处都没有。我们常说不敢表达自己真实想法的人是怯弱的，一个人如果连自己的所思所想都不敢让别人知道，别人又怎敢相信他。所以不要压抑自己的真实想法与情绪，当自己想表达某种情绪时，就要勇敢地表达出来。

那么该如何排解自己的压抑情绪，让想法顺利地表达出来呢？我们通常可以采取以下几种方法。

1.鼓励自己，给自己勇气

缺乏信心是我们不敢表露真实情绪的一个原因，由于在乎对方的看法或情感，于是我们开始压抑自认为不利于双方关系的情绪。

这个时候，我们需要给自己勇气，告诉自己即使对方不认可也没有关系，心里也会觉得坦然，情绪也就很自然地表露出来了。

2.情绪表达要平缓

情绪即使再激烈，也可以选择一种相对轻缓的方式来表达。否则很容易遭到对方的情绪反抗，沟通也就不能再继续进行了。

我们要试着对别人说"我现在很生气……"，而不是用各种激烈的指责或行动来表达生气，情绪是可以"说出来"的。

3.学会拒绝别人

在某些时候，如果你想拒绝别人，也要大胆地表达出来。但是拒绝是讲究技巧的，太直率的拒绝可能会影响双方的关系。

在拒绝对方的时候，你要考虑到对方的心理感受，可以肯定而委婉地告诉他你没法答应，并表达你的歉意。

4.学会赞美与肯定

赞美是一种有效的人际交往技巧，能在很短时间内拉近人与人之间的距离，消除戒备心理。每个人都渴望听到赞美和肯定的话，真诚的欣赏与赞扬，会使你的人际关系更加和谐，也便于你顺利表达自己的想法。

当水库的水位超过警戒线时，水库就必须做调节性泄洪，否则会危害到水库的安全。倘若此时不但没有泄洪，反而又不断进水时，水库就会崩溃。人的情绪也是一样，当需要表达的时候，请先勇敢地迈出沟通的第一步。

情感垃圾不要堆积在心中

在人们的长久相处中，一些情感垃圾会不断滋生。一些人选择了压制，他们试图阻止情感垃圾的蔓延，不愿承认烦恼的存在，结果导致负荷前行，最终情绪崩溃；还有一些人选择了坦然面对，将变化了的思想、情感释放出来、转移出去，慢慢移除了情感中的病菌，从而轻装上阵。

其实，存在情感垃圾是一种生活常态，但不应该成为心灵的常态。若一个人被情感垃圾所束缚，他便只能从压抑中体会烦恼与纷扰,也很难体验到游刃有余、自由洒脱的心境。所以,为了避免被情感垃圾所困扰,我们就应该适当地丢掉一些感情的垃圾,为自己的心灵松绑。

他是个爱家的男人。对她也百般呵护、万般宠爱,好得让她这个做妻子的自惭形秽。

他们之间第一次出现感情异常是因为一把钥匙。他原有4把钥匙,楼下大门、家里的两扇门以及办公室这4把。不知何时起,他口袋里多了一把钥匙。她曾试探过他,但他支支吾吾闪烁其词,这令她怀疑这把钥匙的用途,她开始有意无意地打电话追踪,偶尔还出现在他办公室,名为接他下班实为突击检查。

伴随着他反常的行为举止,她的心一次一次地动摇,她有时候甚至动不动就发脾气,可是他对她依然温柔体贴。直到有一天,她发现了钥匙的用途,原来是开银行保险箱的,于是她终于忍不住悄悄拿走钥匙进了银行。

当钥匙一寸一寸地伸进那小孔,她慌张又迫切地想知道答案。打开保险箱,首先映入眼帘的是一个珠宝盒,盒盖里有他俩的合照以及热恋时期的情书。在珠宝盒下面是一些有价证券,另外还有一些不动产,不动产都写着一个名字。

她哭了,因为这个名字不是别人,正是她自己。所有的疑虑都烟消云散,他是爱她的,而且如此忠诚。

故事中的妻子原本幸福快乐地生活着,却因为对丈夫产生疑虑,他们的情感出现垃圾,结果影响了正常的生活。但是当情感垃圾清除了之后，她的心境又回归平和，心灵也得到解脱。

对于亲情、爱情、友情，现实生活中的每个人都有可能会产生情感垃圾，当一个人的心里积攒了太多情感垃圾之后，他的心中就会背负太多东西，导致积重难返，也很不利于个人的成长。只有将垃圾情绪扔掉，他才能充满激情地专心做事。

那么如何清理心中的情感垃圾，为心灵松绑呢？

1.直面问题、解决问题

每个人的生活中都有大大小小数也数不清的问题，比如考试不及格、工作不顺利、失恋，等等。当发生这些问题时，如果处理不好，心里就容易产生情感垃圾，影响自己的心情。所以，这时就要直面产生问题的原因，解决问题，不要让情感垃圾积聚。

2.主动表达自己的善意

情感垃圾往往由于彼此的不信任，这个时候谁对谁错都已经不重要了，重要的是要向对方表达自己的善意，打开对方的心扉，从而利于情感垃圾的清除，也利于自己心灵的解脱。

3.多多积累美好的情感

人的情感空间是有限的，如果你留了过多的空间，那么情感垃圾很容易就堆积进来，如果你心中存放很多美好的情感，那么情感垃圾也无从插入。

例如，当我们又一次和恋人吵架时，不妨多想想对方当初给自己的美好回忆，让负面情绪不再侵入。

人行走于世，心灵难免在红尘俗世中遭尘埃污浊，一旦心惹尘埃，人生之路就会坎坷不平，此时，不妨扫一扫你的心底，扔掉那些已经成为垃圾的情感，还自己一颗纯净的初心，还自己一个平坦宽广的人生大道。

情绪发泄掌握一个分寸

关于情绪发泄，一个男人曾经这样说过：只要给女人发泄的机会，女人就会像开足马力的机器，让你无处可退，最终崩溃。相对于男人而言，女人更喜欢通过倾诉的方式释放和发泄自己的情绪，但是有些女人往往不能掌握情绪发泄的度，结果导致失控，影响到自己的生活。

其实，当人产生负面情绪时，发泄是一个很好的途径，能最快地甩掉情绪的包袱，但是我们现在很多人面临的问题是把握不住这个发泄的度。一旦发泄过度，就会对我们的人际关系产生影响，没有人喜欢和不分场合、不分时机、不分轻重随意发泄情绪的人做朋友。我们需要将情绪发泄得恰到好处，才能保证生活的平和。

赵佳是北京某技术公司的总经理，由于她经常出差，甚至有时候要加班，她发现自己大多数的时间都放在工作上，时间一长，她便对自己的工作状态感到烦躁。

当意识到自己的工作状态不佳时,她就想借助运动或者唱歌发泄一下。她喜欢打网球,每每工作烦躁的时候,她就叫上几个同伴一起打网球,或者去KTV。她认为打网球和唱歌都是发泄的好办法,特别是将心中的郁结通过打网球打出去或者唱歌唱出来的那一瞬间,仿佛一切都放下了。等发泄完了,她又重拾好心情,继续工作。

赵佳借助打网球或者唱歌的方式来发泄自己的负面情绪,其实就是一种恰到好处的发泄方式,这种方式不仅调整了自己的情绪,而且获得了乐趣。

负面情绪必须释放出来,如果不发泄出来的话,心灵的堤坝就会崩溃。而释放与发泄情绪所要做的就是用语言或者是动作把情绪表达出来,从而让处于战争中的躯体和大脑达成共识。当我们处于负面情绪状态时,正确的疏导才能让情绪发泄得恰到好处。

首先,我们应该体察自己的情绪变化。了解自己的情绪波动是控制情绪的第一步,就像医生医治病人一样,必须先了解病人的病症,然后才能对症

下药。如果你连自己的情绪变化都不了解，又谈何控制和治理。唯一不同的是情绪必须自己感知，然后自己控制。

但是适当的情绪释放与发泄并不容易掌握，大多数人常会犯这样的错误：本来是在诉说自己的情绪问题，最后却误转了矛头，把倾听的那个人当成箭靶子，忘记了自己的初衷。

其次，分析自己的情绪。寻找自己情绪变动的原因并有针对性地找到解决方案。要对自己的情绪负责，必须认识到无论有什么样的情绪，都不应责怪和转嫁给他人。分析情绪的过程也是梳理个人情绪变化的过程，当分析情绪时，个人处于一种冷静、理性的状态，便于找到情绪源，从而利于缓解不良情绪。

再次，情绪归类。分析完情绪之后，就要将我们的情绪归类，到底属于有益的负面情绪，还是有害的负面情绪，程度的深浅又是如何，自己以往有没有相同的情绪体验，当你把这一次的情绪贴好标签后，所有情况就会一目了然。

最后，调控情绪。心理学认为："人的情绪不是由某一诱发性事件本身所引起的，而是经历了这一事件的人对这一事件的解释和评价所引起的。"这是心理学著名的一条理论。当找到诱发情绪的原因之后，接下来就是调节情绪了。当一个人情绪低落的时候，要学会找一种适合自己的调节方法，如转移注意力、运动发泄，等等，以促使自己的情绪始终处于平衡之中，使自己的心境始终处于快乐之中。

情绪发泄要恰到好处，就是要注意情绪发泄的度。发泄不满情绪，并不是单纯为了宣泄不满情绪，更不是"泼妇骂街"，不要因为过分的情绪发泄而摧毁了自己好不容易建立起来的光辉形象。在发泄情绪时千万注意要就事论事，不要进行人身攻击，否则事情的性质就改变了，也很难善后。

经营生活，其实就是经营心情。我们学会不随意发泄情绪，也就能够成功地管理心情，从而掌握好自己的人生。

把负面情绪写在纸上

释放负面情绪的方式很多，"把负面情绪写在纸上"是非常流行的一种排解负面情绪的方法。这种方法简单且随意，在动笔将负面情绪写在纸上的过程中，自己的情绪已经得到表达和排解，内心也会有一种欣慰和解脱之感。

其实，生活中的每个人都需要倾诉内心的喜怒哀乐，把负面情绪写出来是缓解压抑情绪的重要方法。它的做法非常简单：将那些自己无法解决的困难或烦恼逐条写在纸上，将无形的压力化作"有形"。这样，原本紧张的情绪便可得到舒缓，思路会变得清晰，自己也能更冷静地解决问题。

瞿先生在一家公司供职十余年，近些天因为升职的事情，心里非常郁闷。身边和自己同时进公司的同事乃至比自己晚进公司的同事都得到升迁，唯独自己升迁的机会非常渺茫。

面对这种情况，瞿先生在很长的一段时间里情绪都非常低落。他说："我非常恼火，而且这种感觉还一直在扩张，以致我觉得非离开这家公司不可。但在写辞职信之前，我随手拿了一支红水笔，将我对公司领导层的意见都写在纸上，写着写着，我的心境就开朗起来，好像负面情绪悄悄离开了一样。写完之后，我就把这些纸张收起来，并和老朋友说了这件事。"

朋友建议瞿先生用另一种颜色的笔，将每一位领导的才能和优点写出来，然后又让他把自己想晋升的职位、需要具备的素质甚至未来的规划等都一一写在纸上。两种颜色的纸张一对比，瞿先生的愤怒便马上消减。他又充满了激情，明白了自己怎样努力才能实现目标。

自此，瞿先生就找到了一种发泄情绪的好办法。他总是随身带着纸笔，每当自己有什么想法的时候，就习惯性地先将想法写在纸上。"这是一种很好又很安全的控制情绪的方法，每当我写完之后，就感到一身清爽，时间长了，我控制和调节情绪的能力也越来越强。"他这样说道。

第五章

打开心结，肯定自己——驱除自卑

正确认识自己

"请尽快回答10次，我是谁？"一个看似简单却又难以回答的问题，让很多人陷入沉思："我是谁？我是一个什么样的人？我应该做一个怎样的人？""认识你自己"这句古希腊时就刻在神庙上的名言，至今仍有警示意义。许多人正是由于对自己没有一个清醒的认识，所以他们更容易自卑。

拿破仑·希尔认为，随着科学技术的日益发展，我们不断地了解着未知世界，可我们对自身的探索却始终滞足不前。正确地认识自己，才能认识整个世界，也才能接受世间的一切。我们经常企图通过别人的评价来认识自己，可是，无论别人的推心置腹显得多么明智、多么美好，从事物本身的性质来讲，自己应当是自己最好的知己。

如果我们仅仅依靠着别人的评价，来建造一个虚拟的自我，那么你的情绪会经常处于波动中。每个人眼中的你都是不同的，甚至换一身衣服，他们就会对你有不同的评价，但是如果你的情绪随着不同的评价而忽高忽低的话，这样发展下去是非常危险的。

认清自己的真面目，首先要了解自己的长处和短处，并根据自己的特长来设计自己，量力而行，根据自己周围的环境、条件，自己的才能、素质、兴趣等，确定前进方向，你就会在某一方面有所成就。所以，每个人都应该正确认识自己的真面目，并坚信"天生我材必有用"。

有这样一则寓言故事：

早晨，一只山羊在栅栏外徘徊，想吃栅栏内的白菜，可是它觉得自己进不去。因为早晨太阳是斜照的，所以山羊看到自己的影子很长很长。"我如此高大，一定能吃到树上的果子，不吃这白菜又有什么关系呢？"它对自己说。

于是，它奔向远处的一片果园。还没到达果园，已是正午，太阳照在头上。这时，山羊的影子变成了很小的一团。"唉，我这么矮小，是吃不到树上的果子的，还是回去吃白菜吧。"它对自己说，片刻又十分自信地说："凭我这身材，钻进栅栏是没有问题的。"

于是，它又往回奔跑。跑回栅栏外时，太阳已经偏西，它的影子重新变得很长很长。

此时山羊很惊讶："我为什么要回来呢？凭我这么高大的个子，吃树上的果子简直是太容易了！"山羊又返了回去，就这样，直到黑夜来临，山羊仍旧饿着肚子。

这则寓言故事看似可笑，却为我们揭示了一个深刻的道理：不能正确认识自我是很多人产生自卑情绪的原因。其实，正确认识自我最重要的一点，就是要认清自己的能力，知道自己适合做什么、不适合做什么，长处是什么、短处是什么，从而做到有自知之明，最后在社会中找到自己恰当的位置。

许多人谈论某位企业家、某位世界冠军、某位著名电影明星时，总是赞不绝口，可是一联系到自己，便一声长叹："我永远不能成才！"他们认为自己没有能力，不会有出人头地的机会，理由是：生来比别人笨，没有高级文凭，没有好的运气，缺乏可依赖的社会关系，没有资金，等等。其实，人生最大的难题莫过于：认识你自己！

那么，怎样才能真正认识到自己的真面目呢？

1.在比较中认识自我

想要了解自己，与别人相比较，是一种最简便、有效的途径。每当我们需要反躬自问"我在某方面的情况怎样"时，就会很自然地使用这种方法来判定自己的位置与形象。我们除了要不时和四周的人相比较，还会经常与某些理想的标准相比较。把他们作为比较的对象，以自己能否达到跟他们同样的标准作为成功或失败的衡量尺度。

2.从人际态度中反馈自我

一个人总是需要跟别人交往、共处的。因而别人对你的态度，相当于一面镜子，可以观测到自身的一些情况。我们因为看不见自己的面貌，就得照镜子；同样，当我们无法准确地衡量自己的人格品质和行为时，就得利用别人对我们的态度和反应，来进行自我判断。一般说来，当对方与自己的关系愈密切时，他的态度也愈有影响力。

3.用实际成果检验自我

除了根据别人对自己的态度，以及与别人相比较的结果之外，我们还可以凭借本身实际工作的成果来评定自己。由于这种方法有比较客观的事实作为依据，所以通常因此而建立的自我印象也是比较正确的。这里所指的工作是广义的，并不仅限于课业或生产性的行为。由于每个人所具有的才能互不相同，如果只是看他们在少数项目上的成就，往往不能全面地衡量一个人的才能，有些时候，一部分人的某些才能或许因得不到施展的机会而被淹没。

但是，在认识自我的过程中，必须寻找一些信得过的证据，否则将所有人、所有事都作为自己的参照系，最后还是会得到一个不稳定的自我认识。一旦我们形成自我认识，就要自信一些，这样，自卑情绪才不会见缝插针地影响我们的情绪。

内心不要残留失败的伤疤

自卑的人，一遇到失败，就会全面否定自己，结果是对什么都不感兴趣，忧郁、烦恼、焦虑便纷至沓来。倘若遇到更大的困难或者挫折，更是长吁短叹，消沉绝望。失败本身已经是伤害，再因为失败而让自己情绪失衡，是一种非常不理智的做法。

　　一位父亲带着儿子去参观梵高故居，在看过那张小木床及裂了口的皮鞋之后，儿子问父亲："梵高不是位百万富翁吗？"父亲答："梵高是位连妻子都没娶上的穷人。"

　　第二年，这位父亲带儿子去丹麦，在安徒生的故居前，儿子又困惑地问："爸爸，安徒生不是生活在皇宫里吗？"父亲答："安徒生是位鞋匠的儿子，他就生活在这栋阁楼里。"

　　这位父亲是一个水手，他每年往来于大西洋各个港口；儿子叫伊尔·布拉格，是美国历史上第一位获普利策奖的黑人记者。20年后，在回忆童年时，伊尔·布拉格说："那时我们家很穷，父母都靠卖苦力为生。有很长一段时间，我一直认为像我们这样地位卑微的人是不可能有什么出息的。好在父亲让我认识了梵高和安徒生，这两个人告诉我，上帝没有轻看卑微。"

　　案例中，儿子在父亲的鼓励下，抛弃了因卑微而产生的情绪压力。确实，上帝是公平的，他把机会放到了每个人面前，任何人都有同样多的机会。

　　失败是人生不可避免的事情，每个人都可能会失败，所以千万不要责怪自己。总是觉得自己不如别人，甚至觉得自己很蠢笨，其实这些想法都是错误的。世界上没有笨蛋，只有沉睡的天才，或许你不擅长与人交流，但你有良好的写作能力，也许你现在不优秀，但是这并不代表你将来也不优秀。

自卑是人的自我意识的一种表现。自卑的人往往会不切实际地低估自己的能力，他们只看到自己的缺陷，而看不到自己的长处。

长期生活在自卑之中的人，情绪低沉，郁郁寡欢，常因失败而害怕别人看不起自己而不愿与人来往，只想与人疏远，缺少朋友，顾影自怜，甚至内疚、自责；自卑的人，缺乏自信，优柔寡断，毫无竞争意识，抓不住稍纵即逝的各种机会，享受不到成功的乐趣；自卑的人，常感疲惫，心灰意懒，注意力不集中，工作没有效率，缺少生活情趣。

如果一个人总是沉迷在自卑的阴影中，那无异于给自己套上了无形的枷锁。自卑，就像在心底扎下木桩，让自己的心灵沉重不堪，也阻碍了心灵与世界的沟通。但是如果你认清了自己并相信自己，拔掉心底的木桩，换个角度看待周围的世界和自己的困境，那么许多问题就会迎刃而解。

具有自卑心理的人，会因为失败而放大自身的缺点和不足，认为自己没有一个闪光点。事实上，这样的想法是极其荒谬的。这个世界上没有毫无优点的人：成绩不够好的人，也许歌唱得很好；不够聪明的人，也许心地善良；你也许数学不好，却能写出很好的文章；你相貌不出众，可你人缘很好……要知道，人人都经历过失败，每个人的内心深处都残留着过去失败所留下的伤疤。懂得了这一点，我们就不应该再把自己破裂的伤口看得那么严重；相反，我们应该正确认识自己，以客观的态度来看待自己的失败。

别抓住自己的劣势不放

世上大部分人之所以不能走出情绪的困境，是因为他们对自己信心不足，他们就像一棵脆弱的小草，毫无信心去经历风雨，这就是一种可怕的自卑心理。

一旦产生自卑的心理，就会轻视自己，自己看不起自己。王璇就是这样，她本来是一个活泼开朗的女孩，竟然被自卑折磨得一塌糊涂。

王璇毕业于某著名语言大学，在一家大型的外企上班。大学期间的王璇是一个十分自信、从容的女孩。她的学习成绩在班级里名列前茅，她常常成为男孩追逐的焦点。然而，最近，王璇的大学同学惊讶地发现，王璇变了。原先活泼可爱、热情开朗的她，像换了一个人似的，不但变得羞羞答答，做事也变得畏首畏尾，而且说话显得特别不自信，和大学时判若两人。每天上班前，她会为了穿衣打扮花上整整两个小时。为此她不惜早起，少睡两个小时。她之所以这么做，是怕自己打扮不好，遭到同事或上司的取笑。在工作中，她更是战战兢兢、小心翼翼。

原来，到外企后，王璇发现公司同事们的服饰及举止显得十分高贵及严肃，让她觉得自己土气十足。于是她对自己的服装及饰物产生了深深的厌恶之情。第二天，她就跑到商场去了。可是，由于还没有发工资，她买不起那些名牌服装，只能悻悻地回来了。

在公司的第一个月，王璇是低着头度过的。她不敢抬头看别人穿的正宗的名牌西服、名牌裙子，因为一看，她就会觉得自己很寒酸。那些同事大多穿戴着一流的品牌服饰，而自己呢，竟然还是一副穷学生样。每当这样比较时，她便感到无地自容，她觉得自己就是混入天鹅群的丑小鸭，心里充满了自卑。

服饰还是小事，令王璇更觉得抬不起头来的是她的同事们平时用的进口香水。她们所到之处，飘着香味，而王璇用的却是一种廉价的香水。

同事之间聊起天来全是生活上的琐碎小事，比如化妆品、首饰，等等。而关于这些，王璇几乎插不上话。这样，她在同事中间就显得十分孤立，也十分羞惭。

在工作中，王璇也觉得很不如意。由于刚踏入工作岗位，她的工作效率不是很高，不能及时完成上司交给的任务，有时难免受到批评，这让王璇更加拘束和不安，甚至开始怀疑自己的能力。

此外，王璇刚进公司的时候，她还要负责做清洁工作。看着同事们悠然自得地享用着她倒的开水，她就觉得自己与清洁工无异,这更加深了她的自卑意识。

像王璇这样的自卑者,总是一味轻视自己,总感到自己这也不行那也不行,什么也比不上别人。她们怕正面接触别人的优点,总是回避自己的弱项,这种情绪一旦占据心头,结果会对什么都提不起精神,犹豫、忧郁、烦恼、焦虑便纷至沓来。

每一个事物、每一个人都有其优势,都有其存在的价值。但是具有自卑心理的人,总是过多地看重自己不利和消极的一面,而看不到自己有利、积极的一面,缺乏客观、全面地分析事物的能力和信心。这就要求我们应努力提高透过现象抓本质的能力,客观地分析对自己有利和不利的因素,尤其要看到自己的长处和潜力,而不是妄自嗟叹、妄自菲薄。

爱自己是一门学问

爱自己是一门艺术,需要用心培养。

日常生活中,经常能听到诸如"我不行""我做不好""我怎么总是比别人差"这些口头禅式的话语,这些人在生活中一定充满了悲观情绪。

自卑的人或许经常说些爱他人的话,却没有勇气说些爱自己的话。过去的失败经验会使人产生自我否定的心理,人们开始自责自怨,逐渐学会轻视、亏待、奴役、委屈、束缚、作践及压抑自己。

那么，如何学会爱自己这门艺术？

首先，平常要养成爱自己的习惯，从过去不敢也不会爱自己中慢慢改变。因自卑就产生于不爱己而爱他的过程中。在这一过程中，自信、理想、信念、主见及创造的精神等也会随之消失。

其次，不妨让自己换个心态。自卑的人经常对自己说"不"，但他们并不能从贬低自己、自我否定的过程中得到轻松、快乐，而是内心变得更灰暗。换个心态，或许就会出现转机。遇到类似下列的想法，试着换种心态去想。

内心想法	换个心态后
自己已经努力了，但学习总是不好	怎样努力才能提高学习效率
担心换份工作仍然会做不好	先换份工作试着去做，改变工作方法可能会有进步
为什么自身的努力总是达不到期望值	或许，跟之前相比，自己的每一次努力都有进步

再次，多给自己积极的心理暗示，剔除消极的心理暗示。生活中，暗示无时无处不存在。经常贬低、否定自己的人，可能就是到处向人说明自己真的比别人差。如向别人说自己"不美"，或许就是在证明自己真的"不美"。因而，要学会赞美、鼓励自己，少说直至不说"不"。

黄美廉，一个从小就患了脑性麻痹的残疾者。脑性麻痹夺去了她肢体的平衡感，也夺走了她发声讲话的能力。从小她就活在诸多肢体不便及众多异样的眼光中，她的成长充满了血泪。然而这些外在的痛苦并没有击败她内心奋斗的激情，她昂首面对，迎向一切不可能，终于获得了加州大学艺术博士学位。她用她的手当画笔，用色彩告诉他人"寰宇之力与美"，并且灿烂地"活出生命的色彩"。

站在台上，她不时地挥舞着她的双手；仰着头，脖子伸得好长好长，与她尖尖的下巴扯成一条直线；她的嘴张着，眼睛眯成一条线，扭曲地看着台下的学生；偶尔她口中也会咿咿呀呀的，不知在说些什么。她基本上是一个不会说话的人，但是，她的听力很好，只要你猜中或说出她的意见，她就会乐得大叫一声，伸出右手，用两个指头指着你，或者拍着手，歪歪斜斜地向你走来，送给你一张用她的画制作的明信片。

"黄博士，"一个学生问她，"你从小就长成这个样子，请问你怎么看你自己？你都没有怨恨吗？"

"我怎么看自己？"美廉用粉笔在黑板上重重地写下这几个字，字很深很重。写完这个问题，她停下笔来，歪着头，回头看着发问的同学，然后嫣然一笑，回过头来，在黑板上龙飞凤舞地写了起来。

（1）我好可爱！

（2）我的腿很长很美！

（3）爸爸妈妈这么爱我！

（4）上帝这么爱我！

（5）我会画画！我会写稿！

（6）我有只可爱的猫！

（7）还有……

看到这些话，所有人都沉默了，面对众人的沉默，她在黑板上写下了她的结论："我只看我所有的，不看我所没有的。"

每个人身上都有优点，只是或多或少而已。但是，有多少人像黄美廉一样真正给过自己掌声？清楚自己所拥有的一切，而不是在盲目与人攀比的过程中迷失自己。

人们时常希望别人喜欢自己，但唯独忽略自己的力量。实际上，自己才是自己最好的聆听者和激励者，只有自己是真正与自己形影不离的人。如果要求别人喜欢自己，那么自己就应当先爱自己，欣赏、聆听自己。很难相信，一个连自己都不会去爱的人会得到他人的爱。

不要认为自己不可能

我们的能量来自自然的赐予，而自然对于我们来说，仍是一个未知数。无法认识自然，也就无法知道我们自己的潜能。简而言之，"自己不可能知道自己的能力"，这才是真理。

人的一生中所有事情只有亲自经历才能下结论，既然如此，任何事情都"非做做看不可，否则不能说不能"。除了"做"之外，别无其他方法，如果做都没做，就提出能或不能的概念，这就是一个人精神虚弱的表现。

很多人都拿自己的经验来做论证："这件事我做不了。"但经验并不是真理，有时还具有欺骗性。人必须遭遇未知的体验，才能发掘其潜能，所以生存的真正喜悦在于经常能够发现自己未曾自知的新力量，并惊讶地说出"原来我竟具有这种力量"。

美国作家杰克·伦敦的著作《热爱生命》中有一段关于人与狼搏斗的精彩片段："那只狼始终跟在他后面，不断地咳嗽和哮喘。他的膝盖已经和他的脚一样鲜血淋漓，尽管他撕下了身上的衬衫来垫膝盖，他背后的苔藓和岩石上仍然留下了一路血渍。有一次，他回头看见病狼正饿得发慌地舔着他的血渍，他不由得清清楚楚地看到了自己可能遭到的结局，除非他干掉这只狼。于是，一幕从来没有演出过的残酷的求生悲剧开始了：病人一路爬着，病狼一路跛行着，两个生命就这样在荒原里拖着垂死的躯壳，相互猎取着对方的生命……靠着顽强的求生欲望，他最终用牙齿咬死了狼，喝了狼血，活了下来。"

有人说，人们在通常情况下只发挥出了他个人能力的1/10，而在受到了重大的挫折和刺激之后，才能将大部分或者全部隐藏的能力爆发出来。所以，在我们的生活中，我们常常看到一些过去碌碌无为的人，在经历了一些生活的苦痛和精神上的折磨之后，会突然爆发出很大的潜能，做出很多让人意想不到的事情来，可见，人并不是"不可能"，而是没有发现自己的能力而已。

自信所产生的力量是强大的。如果你充满了自信，就不会总说"我不能"，你身上的所有力量就会紧密团结起来，帮助你实现理想，因为精力总是跟随你确定的理想走。一定要对自己有一种卓越的自信，一定要相信"天生我材必有用"。如果你坚持不懈地努力达到最高要求，那么，由此而产生的动力就会帮助你摘去"我不能"的精神虚弱者的面具。

在这个世界上没有什么不可能，只要我们敢想、敢去闯，只要我们有智慧、有毅力，有让人敬重的品质，那些令人望而生畏的"不可能"也会被我们彻底征服。

在这个世界上，没有什么是不可能做到的。世界上有很多事，只要你去做，你就能成功。首先，你要在思想上突破"不可能"这个禁锢；其次从行动上开始向"不可能"挑战。这样你才能够将"不可能"变成"可能"。

成功的字典里没有"我不能"，经常告诉自己"我能"，就会在心里形成一种积极的暗示，很多看似超越自身能力所及的事情也可以迎刃而解。

在克服自卑中超越自我

文明的智慧告诉人们,自卑是成功的大敌,一个人要想获得成功,自信心是必需的。一个人的情绪如果总是被别人的评价左右,当别人批评他时就感到自卑,势必影响到他的正常生活,其实这是没有必要的。

自卑情绪是失败的俘虏。生活在现代生活中的人,要多树立一点自信,多挖掘自己的优点和长处。你之所以会感到"巨人"高不可攀,是因为你跪着。勇敢地站起来,你就会惊异地发现,自己其实也很高大,也能独当一面,而且闪光点并不比别人少。

自卑感在每个人身上或多或少都存在,但我们不应被自卑吓倒,而应克服自卑,把它变成我们自身的一种良好品质:即使我们真的有缺陷也没必要自卑,发现问题并解决问题,这样我们的缺点会转化成进步的动力。只有这样,你才会活得开心、活得坦然,你的人生才会充满希望。

有一对母女,母亲长得很漂亮,女儿却很丑。不是因为她的五官不精致,而是搭配有点偏离正常比例。为此,女儿十分自卑,常常怨天尤人。母亲当然了解女儿的心事,为了帮助她摆脱心理困境,她把女儿带到照相馆去照相。

母亲对照相师的要求很奇怪,她不让照相师拍她女儿的整张脸,而是逐一对眼睛、鼻子、耳朵等五官单独拍特写。帮女儿拍完照后,她又拿出美国著名女星玛丽莲·梦露的头像,让照相师翻拍,并把五官一一割开。

照片一冲出来,母亲就把女儿的五官照片和著名女星玛丽莲·梦露的五官照片一一对照,贴到女儿卧室的墙上。每当女儿自卑的时候,母亲就让女儿看看那些被分割的照片,说:"和世界上最著名的美女比较一下,你哪个地方会比她差?"还未成年的女儿迷惑地看了看母亲,将信将疑。后来,她把自己的这些照片指给那些闺中密友看。密友在不知情的情况下,有的说照片上的眼睛比那个外国明星的眼睛迷人,有的说照片上的嘴巴更性感。渐渐地,她相信了母亲的话,觉得自己长得一点都不丑,自信也随之而来。

母亲唤回了女儿的自信,也把她从自卑的深渊中拉了回来。相貌丑陋仅仅是自卑的一个内容,如果一个人否定自己,那么任何一件事都可能成为他自卑的导火索。

自卑就是对自身的一种否定性评价,感觉自卑的真正原因往往并不仅仅是因为别人的闲言碎语,更多的是源于自己一颗敏感而脆弱的心。如果由于别人一次无心的评价,就使得自己内心感到自卑是得不偿失的。自卑并不会为你的生活带来哪怕一点点的好处,相反它会让你却步,让你不敢勇于追求自己想要的生活。

无论是积极的评价还是消极的评价,都应该用一种积极向

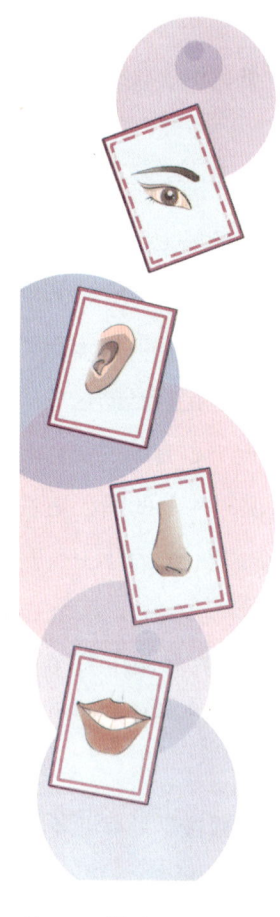

上的心态去面对。当发现了自己的不足时，努力通过实际行动去改进，而不是自怨自艾；当取得了一些成就时，应该及时进行总结，进行正确评估，而不是骄傲自满。只有这样，才能用乐观的心态正确对待生活，从而使自卑遁于无形。

自卑并不是不能克服，只要你通过实际行动努力生活，为自己设立一个个目标并积极实践，那么无论成功还是失败，你都是生活的王者，因为你曾努力过，没有遗憾。其实生活中处处有成功，只是缺少发现成功的眼睛。即使一件很小的事，当你成功地完成它之后，也会有一些收获和心得。但是由于自卑，也许你会有选择性地忽略掉这种"成功"，而艳羡着别人所谓的"成就"，其实成功就在你的身上，只要你努力去行动，用心去感受，你会发现自己具备许多人所没有的素质和条件。

这世界上本来就没有生来就失败的人，每个人都有其自身的特点。因此，用积极的态度对待生活至关重要。同时，在面对生活时，看淡别人的看法与评价，努力把对生活的追求付诸实践,保持着对自己客观清醒的认识,那么,自卑自然会越走越远。

活出真实的自己

世界并不完美,人生当有不足,没有遗憾的过去无法连接人生。对于每个人来讲,不完美是客观存在的,无须怨天尤人。智者再优秀也有缺点,愚者再愚蠢也有优点。对人对己多做正面评估,不以放大镜去看缺点,活出真实的自己。

人活在世上,最重要的目的就是获得幸福,幸福是一种很简单的东西。它是一种源自内心深处的平和与协调,一个人幸福与否,过得好与不好,最终都得回归自我,都得听从心灵的声音。只要你觉得自己是幸福的,你就是幸福的;反之,如果自己感觉不幸福,无论在别人的眼里如何风光,你的心里仍然只会充满寂寞和怅惘。无论幸福与否都要活出真实的自己,无须在意别人的看法,回归本色自我。

有一个男人,他一辈子独身,因为他在寻找一个完美的女人。当他70岁的时候,有人问他:"你一直在到处旅行,从喀布尔到加德满都,从加德满都到果阿,从果阿到普那,你始终在寻找,难道没能找到一个完美的女人?甚至连一个也没遇到?"那老人变得非常悲伤,他说:"是的,有一次我碰到了一个完美的女人。"那个发问者说:"那么发生了什么?为什么你们不结婚呢?"他变得非常伤心,他说:"怎么办呢?她正在寻找一个完美的男人。"最终他还是孤独终老。

　　故事的主人公认为只有找到完美的人才会幸福,人生才会完美。可这个世界上根本没有完美的人,只有真实的人。缺点就是真实的写照。人们以为只要当他们找到一个完美的男人或一个完美的女人,他们才会爱。请记住这样一个忠告:世界上根本就不存在任何一个完美的事物,活出真实的自己才最重要。

　　爱丽从小就特别敏感而腼腆,她的身材一直太胖,而她的一张脸使她看起来比实际还胖得多。爱丽有一个很古板的母亲,母亲认为穿漂亮衣服是一件很愚蠢的事情。她总是对爱丽说:"宽衣好穿,窄衣易破。"而母亲一直按照这句话来帮爱丽穿衣服。所以,爱丽从来不和其他的孩子一起做室外活动,甚至不上体育课。她非常害羞,觉得自己和其他的人都"不一样",完全不讨人喜欢。

　　长大之后,爱丽嫁给一个比她大好几岁的男人,可是她并没有改变。她丈夫一家人都很好,每个人都充满了自信。爱丽尽最大的努力要变得像他们一样,可是她做不到。他们为了使爱丽开朗而做的每一件事情,都只能令她退缩到她的壳里去。

　　爱丽知道自己是一个失败者,又怕她的丈夫会发现这一点,所以每次他们出现在公共场合的时候,她都会刻意去模仿某个人看似优雅的服饰、动作或表情。她假装很开心,结果常常显得她很做作。事后，爱丽会为这个难过好几天。

爱丽很困惑，不知道怎么办才好，这天，她来到公园，她再也忍不住放声大哭起来，这时来了一个老婆婆，爱丽把她的遭遇告诉了老婆婆，老婆婆对她说："其实你也没有必要这么痛苦，每个人的身上都有优点，这是其他人无法替代的，不管遇到什么样的事情，我们都要保持本色，这样才会快乐。"

"保持本色！"就是这句话使得爱丽在一刹那发现，自己之所以那么苦恼，就是因为她一直在试着让自己适合于一个并不适合自己的模式。

几年后，爱丽像换了一个人似的，她有很多的朋友，自己也变得很有气质，家庭生活也随之幸福。

爱丽之所以痛苦，是因为她把真实的自己隐藏起来了，她认为那是糟糕的自己，所以她学习别人的优点，但到头来还是一样的痛苦。可一旦她走出了这个怪圈，找到了真实的自己，本色地去生活，幸福就降临到了她的身上。

作为社会中的一员，角色的扮演是我们生活中必须做的事。许多人面临角色选择的时候往往会显得无所适从，他们像文中的爱丽一样，一味地模仿别人，结果只能以失去自我为代价。在纷繁复杂的现代生活中，摆脱内心的纷扰，活出真实的自己不是一件容易的事。

每个人都有自己的角色和人生，只有当他演好自己的角色时，他才会拥有一个快乐的人生。如果你想让自己拥有快乐、幸福的人生，就要找到自己的角色，而不要去模仿别人，要活出真实的自己。

随波逐流，按照别人的标准行事，过分在意别人的看法和评价，只会损伤你的自尊、属于你的自我形象，独特个性也将一片模糊。杰出人士之所以能让自己从芸芸众生中脱颖而出，一个重要的原因就是——他们保持着自己独一无二的个性。

万事万物都有其特别的灵气，不同的人有不同的特质，每个人都是独一无二的，每个人都有属于自己的精彩。我们只需做真实的自己，活出自我本色，就是对生命的最大尊重。

适当收起你的敏感

敏感，在心理学上又称感知敏锐。适度敏感是正常的，尤其是正处于自我意识蓬勃阶段的人，对外界的刺激更加敏感，这是非常普遍的性格特征。但是，有些人会因过度敏感而产生自卑情绪。

过度敏感的人的感情比较脆弱，别人不经意的一个动作或者一句话，往往就会引起他们的过分恐慌与不安。过度敏感的人都有一种自贬自责的倾向，一个小小的挫折都会引起内心的躁动，随即开始怀疑自己的能力，进而变得自卑。于是，认为所有外界的批评都是有道理的、应该的，一切都是自己的错，换一句话就是：自己没有一个优点，太过平庸，很愚蠢，等等。

这天，乔治敲开了布鲁克教授的门。原来，乔治在为自己的敏感而苦恼。

乔治告诉教授，念初中时，他就是一个性格内向、沉默寡言的人，不喜欢与别人沟通。这种变化持续到后来，乔治发现自己越来越敏感，很在乎别人的评价，对别人的每一句话他都会进行揣摩。前段时间，乔治所在的班级进行了班委选举，乔治落选了，这让他痛苦万分。接下来的几天他心情都很抑郁，只要一看到同学聚在一起，就觉得他们是在议论自己。有同学微笑着对他说："加油哦，大明星，下回你一定能选上！"这寻常的鼓励，在乔治听来，竟有讽刺挖苦的味道。

引起乔治敏感困惑的原因是什么？心理学家指出，引发人们这种过度敏感的原因在于：一些人生性脆弱，疑虑心重，经受不住打击，往往细小的刺激就会引起紧张的情绪；在早期体验上，这些人受到父母的过度呵护，没有学会积极的心理保护意识和方法；同时，在个性特点上，他们还没有养成宽容的气度，喜欢斤斤计较、钻牛角尖等。

人是有感情的动物，有时会因别人的言语受到伤害。但是，是否被伤害最终取决于自己，如果自己总是控制不住冲动，容易感觉受到伤害，那很可能就是过度敏感。

心理过于敏感，会导致人变得自卑，并且承受能力差，微小的刺激（一句平常的话、一个平常的小动作、一个平常的眼神）就能引起内心严重的不安,会过得十分痛苦,终日生活在"防御"状态之下。要及时克服极度的敏感,不妨从以下几方面着手。

1.要勇敢迎接别人的眼光

在生活中,很多人习惯以别人的评价为转移,这种人长期跟着别人转,久而久之就会养成过分敏感的性格。因此,要避免这种"过敏心理"。如果别人以异样的眼光盯着你时,你不必局促不安,也不必神情窘迫,唯一的办法是——用你的眼波接住对方的眼波,久而久之,你就会发现自己就是自己,可以自如地生活在千万双眼睛织成的人生网格里。

2.要正确地认识自己,不断地充实自己

要知道,我们每个人都是不可替代的,但也没有一个人能事事出人头地。因此,我们要有从大处着想的胸怀,敢于公开自己的优缺点,而不要尽力去遮掩,要有"走自己的路,让别人说去吧"的勇气。有优点敢于适时发扬,有缺点敢于改正,不断往好的方向发展,不断充实自己。

3.多参加集体娱乐活动或读读自己感兴趣的书籍

当有"敏感"干扰时,可以用松弛身心的办法来对付。要学会自我暗示,转移注意力,如转移话题、有意避开现场等。坚持进行体育锻炼,也有助于防止"心理过敏"。

生活中,敏感的人经常为小事苦恼,遇到小事容易反复去想。对于一些小事,别太过分敏感,当你调低自己的敏感值之后,自卑的情绪也就远离你了。

第六章

减压,让生活更轻松——清除焦虑

现代人的"焦虑之源"

在现代社会，生活节奏越来越快，各种压力纷至沓来：来自考试升学的压力，来自就业的压力，来自职场中的压力，来自恋人的压力，来自父母的压力，来自子女的压力，来自房子、车子与更高级的毕业证书的压力，来自疾病的压力……面对众多的压力，很多人难以控制自己的情绪，结果不仅在众人面前情绪崩溃，言行不受控制，还给周围的人带来恶劣的影响。

快节奏的生活给部分现代人的情绪带来了一些影响，你肯定也有过这样的体会：莫名其妙地发脾气、内心烦躁，看什么都不舒服；出门在外的时候，看旁边两个人有说有笑就生气；别人不小心踩了你的脚，你就像找到发泄的机会一样，跟人大吵一架。其实，这些负面情绪都是压力带给你的，当压力越来越大，你的情绪就越来越差。然而，这还不是最可怕的，一旦压力超过了你的心理承受极限，大脑神经系统功能就会紊乱，出现烦躁、失眠、头痛、焦虑、心慌、胃部不适等精神症状和躯体症状，进而引发身体疾病。

陈先生是一家企业的营销主管，每年的销售任务都很重，同行业竞争又特别激烈。他说自己都快成"空中飞人"了，一个城市接一个城市地出差，没有节假日，有时候午饭都没时间坐下来吃，常常是边走边吃边思考。最近他经常感到胸闷，刚开始没有太在意，后来，情况更加严重，出现气短、心跳加快、出虚汗等现象，到医院检查才知道患了冠心病。

生活中，像陈先生这样的人还有很多。由于工作节奏不断加快，许多人在不知不觉中损害了自己的身心健康。他们时时刻刻想着自己的工作，累了、倦了、病了也要坚持，因为他们害怕一旦慢下来、停下来就会被别人超越，那么以前的努力就付诸东流了。在这种思想的控制下，人的精神处于越来越紧张的状态。受压抑的感情冲突未能得到宣泄时，就会在肉体上出现疲劳症状，甚至引起心理上的问题，导致心理疲劳。在此种情况下，一旦发生心理疲乏，势必造成精神上的崩溃。

有人认为，发达国家生活节奏一定很快，其实不然。意大利有一个有名的"慢城市"布拉，那里的人们善于综合现代和传统生活中那些有利于提高生活质量的因素，生活得十分悠闲快乐而不懒散。

放慢生活的脚步，不要再做速度和效率的崇拜者和践行者。让自己不要那么忙，慢一点，去做那些自己想做却一直没有时间做的事情，让自己在繁忙的都市里找到一片宁静的地方放松身心，休息过后，在快速与缓慢之间找到一种平衡，找回自己本身的节奏，让自己过上真正的生活。

学会让自己放轻松

200年前，欧洲有一首民谣："我们背井离乡，为的是那小小的财富。"而现在的一些观念是"过普通人的生活"。的确，拼命地工作挣钱，却没有时间和精力来享受安闲、舒适的生活，确是一件悲哀的事情。

在竞争越来越激烈、生活节奏越来越快的现代社会中，要想生活得轻松自在一些，就应该放松生命的弦，减轻自己的压力，清除自身的焦虑情绪，让金钱、地位、成就等追求让位于"普通人的生活"。

弗兰克是位生意人，赚了几百万美元，也存了相当多的钱。他在事业上虽然十分成功，但一直未学会如何放松自己。他是位神经紧张、焦虑的生意人，并且把他职业上的紧张气氛从办公室带回了家里。

弗兰克下班回到家里，在餐桌前坐下来，但心情十分烦躁不安，他心不在焉地敲敲桌面，差点被椅子绊倒。

这时候弗兰克的妻子走了进来，在餐桌前坐下。他打声招呼，便用手敲桌面，直到一名仆人把晚餐端上来为止。他很快地把东西吞下，他的两只手就像两把铲子，不断把眼前的晚餐一一铲进嘴中。

吃完晚餐后，弗兰克立刻起身走进起居室。起居室装饰得十分美丽，有一张长而漂亮的沙发，华丽的真皮椅子，地板上铺着高级地毯，墙上挂着名画。他把自己投进一张椅子中，几乎在同一时刻拿起一份报纸。他匆忙地翻了几页，急瞄了一眼大字标题，然后，把报纸丢到地上，拿起一根雪茄，引燃后吸了两口，便把它放到烟灰缸里。

弗兰克不知道自己该怎么办。他突然跳了起来，走到电视机前，打开电视机。等到影像出现时，又很不耐烦地把它关掉。他大步走到客厅的衣架前，抓起他的帽子和外衣，走到屋外散步去了。

弗兰克这样子已有好几百次了，他没有经济上的困扰，他的家是室内装潢师的梦想，他拥有两部汽车，事事都有仆人服侍他——但他就是无法放松心情。不仅如此，他甚至忘掉了自己是谁。他为了争取成功与地位，已经付出他的全部时间，然而可悲的是，在赚钱的过程中，他却迷失了自己。

从故事中可以看出，弗兰

克先生所有的症结就在于他的焦虑情绪，他繁乱的生活是因为他没有掌握放松自己的秘诀。

富兰克林·费尔德说过："成功与失败的分水岭可以用这么五个字来表达——我没有时间。"当你面对着沉重的工作任务感到精神与心情特别紧张和压抑的时候，不妨抽一点时间出去散心、休息，直至感到心情轻松后，再回到工作上来，这时你会发现自己的工作效率特别高。

只要你能在这个繁忙的世界中做到松弛神经，过得轻松愉快，你就是一个幸运者——你将会幸福无比。学会放松，就会让你拥有一个无悔的人生。

别透支明天的烦恼

"过去与未来并不是'存在'的东西，而是'存在过'和'可能存在'的东西。唯一'存在'的是现在。"古希腊学者库里希坡斯曾如是说。过去的生活已经过去，要学会接受。明天还未到来，与其让明天的烦恼折磨我们，为此焦虑不安，不如用心地活出当下每一天的精彩。

当生命走向尽头的时候，你问自己一个问题：你这一生觉得了无遗憾吗？你认为想做的事你都做了吗？你有没有发自内心地笑过、真正快乐过？

想想看，你这一生是怎么度过的：年轻的时候，你拼了命想挤进一流的大学；随后，你希望赶快毕业找一份好工作；接着，你迫不及待地结婚、生小孩；然后，你又整天盼望小孩快点长大，好减轻你的负担；后来，小孩长大了，你又恨不得赶快退休；最后，你真的退休了，不过，你也老得几乎连路都走不动了……这一辈子都在为明天的事情而焦虑着，身心得不到放松和自由。但是，在这种情绪的反复折磨下，未来的生活真的有所改善吗？

答案是没有，因为我们没有把时间放在解决问题上，而是不停地追赶生活，就像一列远行的火车，开车的是我们的焦虑情绪，而不是我们真实的心。

有个小和尚，每天早上负责清扫寺院里的落叶。

清晨起床扫落叶实在是一件苦差事，尤其在秋冬之际，每一次起风时，树叶总随风飞舞。每天早上都需要花费许多时间才能清扫完树叶，这让小和尚头痛不已，他一直想要找个好办法让自己轻松些。

后来有个和尚跟他说："你在明天打扫之前先用力摇树，把落叶统统摇下来，后天就可以不用扫落叶了。"小和尚觉得这是个好办法，于是隔天他起了个大早，使劲猛摇树，这样他就可以把今天跟明天的落叶一次扫干净了。一整天小和尚都非常开心。

第二天，小和尚到院子里一看，不禁呆住了，院子里如往日一样满地落叶。老和尚走了过来，对小和尚说："傻孩子，无论你今天怎么用力摇树,明天的落叶还是会飘下来。"小和尚终于明白了,世上有很多事是无法提前的,唯有认真地活在当下,才是最真实的人生态度。

生活中,人们往往也有类似小和尚的想法,企图将人生的烦恼提前解决,以便将来过得更好、更自在。实际上,人生中很多事情只能循序渐进。过早地为将来担忧,反而会让自己眼下活得束手缚脚。因而,智者常劝世人"活在当下"。

所谓"当下",指的就是现在正在做的事、待的地方、周围一起工作和生活的人。"活在当下",就是要你把关注的焦点集中在这些人、事、物上,全心全意认真去接纳、品尝、投入和体验这一切。

实际上,大多数人都无法专注于"现在",他们总是若有所思,心不在焉,想着明天、明年,甚至想着下半辈子的事。假若你时时刻刻都将精力耗费在未知的未来,却对眼前的一切视若无睹,你永远也不会得到快乐。刻意去找快乐,往往找不到,让自己活在"现在",全神贯注于周围的事物,快乐便会不请自来。或许人生的意义,不过是嗅嗅身旁每一朵绚丽的花,享受一路走来的点点滴滴的快乐而已。毕竟,昨日已成历史,明日尚不可知,只有"现在"才是上天赐予我们最好的礼物。

许多人喜欢预支明天的烦恼,想要早一步解决掉它们。其实,明天的烦恼,今天是无法解决的,焦虑也无济于事,每一天都有每一天的人生功课要交,先努力做好今天的功课再说。"怀着忧愁上床就等于背着包袱睡觉"哈里伯顿曾这样说。不为无法确知的烦恼忧愁，卸掉烦恼的包袱，用平常的心对待每一天，用感恩的心对待当下的生活，才能理解生活和快乐的真正含义。

说出自身的焦虑

焦虑，是人在面临不利环境和条件时所产生的一种情绪抑制。它是一种沉重的精神压力，使人精神沮丧，身心疲惫。有的时候是我们把问题想得过于糟糕，本来一件很简单的事，我们却要思虑很久，设想各种结果，随着自己各种各样的怀疑、猜忌、担心，焦虑的情绪就难以避免了。其实人生真的没有那么多的事用来焦虑，只是我们放大了去看而已。

焦虑是一种过度忧愁和伤感的情绪体验。每个人都会有焦虑的时候，但如果是毫无原因的焦虑，或虽有原因却不能自控，每天心事重重、愁眉苦脸，就属于心理性焦虑了。

焦虑会使人的容颜快速衰老，甚至对其健康产生很大威胁。所以说，过度焦虑不可取。凡事退一步想，不要耿耿于怀，焦虑就会减少。

总之，焦虑是有百害而无一利的，那么我们需要做的就是大声地说出自己的焦虑，让焦虑的阴霾远离我们。

把心事说出来，这是波士顿医院所安排的课程中最主要的治疗方法。下面是在那个课程里所得到的一些概念，其实我们在家里就可以做到。

1.准备一本"供给灵感"的剪贴簿

你可以在剪贴簿上贴上自己喜欢的能够给人带来鼓舞的诗篇，或名人名言。今后，如果你感到精神颓丧，也许在这个本子里就可以找到治疗方法。在波士顿医院的很多病人都把这种剪贴簿保存好多年，他们说这等于是替你在精神上"打了一针"。

2.要对你的邻居感兴趣

对那些和你在同一条街上共同生活的人保持兴趣，这样就没有孤独感了，你对邻居感兴趣，那么你会很快与他们成为朋友，随之而来的就是邻居的热情与关爱，最后，焦虑会不自觉地远离你。

3.上床之前，先安排好明天工作的程序

很多家庭主妇都为忙不完的家事感到疲劳。她们好像永远做不完自己的工作，老是被时间赶来赶去。为了要治好这种焦虑，波士顿医院的医生们建议各个家庭主妇，在头一天就把第二天的工作安排好，结果呢？她们能完成很多的工作，却不会感到疲劳。同时还因为自己取得的成绩而感到非常骄傲，甚至还有时间休息和打扮。

4.避免紧张和疲劳的唯一途径就是放松

再没有比紧张和疲劳更容易使你苍老的事了。也不会有别的事物对你的外表更有伤害了。如果你要消除焦虑，就必须放松。

当一些问题的确是超出了我们的能力所能解决的范围时，我们就需要乐观一些，就像杨柳承受风雨一样，我们也要承受无可避免的事实。哲学家威廉·詹姆士说："要乐于承认事情就是这样的情况。能够接受发生的事实，就是能克服随之而来的任何不幸的第一步。"

每个人都希望自己的生活过得一帆风顺、轻轻松松、简简单单，生活中却充满多种焦虑。例如，追求的失落、奋斗的挫折、情感的伤害，等等，都让我们的心灵背上了沉重的负荷。面对这样的焦虑，我们要适当地说出来，要想获得平和的心，最重要的方法就是注意为自己的心灵留出适当的空白，使自己的内心保持一定的余裕。

事实上，刻意地使心灵空白的确能有效地为人们带来心安的感受。在这个过程中你可以将头脑中焦虑、不安、沉重、憎恶等不良情绪"清空"，取而代之的是愉悦、安定、轻松、满足的心境。

总之，我们不要把焦虑隐藏在心中，要大声地说出来。许多人感到焦虑与不安时，总是深藏在心里，不肯坦白说出来。其实，这种办法是很愚蠢的。内心有焦虑烦恼,应该尽量坦白讲出来,这不但可以给自己从心理上找一条出路,而且有助于恢复理智,把不必要的焦虑除去,同时找出消除焦虑、抵抗恐惧的方法。

删除多余的情绪性焦虑

年轻人大多都有过这样的经历,在学校的时候总是担心自己毕业后找不到工作,每天焦虑重重;找到工作后又害怕自己在激烈的竞争中被淘汰,天天提心吊胆;有的人还害怕自己没有能力迎接突如其来的挫折,等等。

适当的焦虑可以促使人奋发向上,激发向上的原动力。但是,过度焦虑并不可取,它只会让人成天忧心忡忡,久而久之成为习惯,会影响你的心情,影响你获取成功。

凡事能够退一步想,不要那么耿耿于怀,焦虑就会减轻。只有删除多余的焦虑,我们的生活才能更加舒畅。比如说今天上班迟到了,也可以这样安慰自己:说不定上班的人今天都起早了,一路过去都畅通无阻。万一塞车了,老板可能也会没到。

凯瑟女士的脾气很坏、很急躁,总是生活在紧张的情绪之中:每个礼拜,她要从在圣马特奥的家乘公共汽车到旧金山去买东西。可是在买东西的时候,她也特别担心——也许自己的丈夫又把电熨斗放在熨衣板上了;也许房子烧起来了;也许她的女用人跑了,丢下了孩子们;也许孩子们骑着他们的自行车出去,被汽车撞了。她买东西的时候，常会因担心而冷汗直冒，然后冲出商店，搭上公共汽车回家，看看是不是一切都很好。后来，她的丈夫也因受不了她的急躁脾气而与她离了婚，但她仍然每天感到很紧张。

凯瑟的第二任丈夫杰克是个律师——一个很平静、事事能够加以冷静分析的人，很少为什么事情而焦虑。

杰克充分利用概率法则来引导凯瑟消除紧张、焦虑。每次凯瑟神情紧张或焦虑的时候，他就会对她说："不要慌，让我们好好地想一想……你真正担心的到底是什么呢？让我们看一看事情发生的概率，看看这种事情是不是有可能会发生。"

有一次，他们去一个农场度假，途中经过一条土路，碰到了一场很可怕的暴风雨。汽车一直往下滑，没办法控制，凯瑟紧张地想，他们一定会滑到路边的沟里去，可是杰克一直不停地对凯瑟说："我现在开得很慢，不会出什么事的。即使汽车滑进了沟里，根据概率，我们也不会受伤。"他的镇定使凯瑟慢慢平静下来。

不要无谓地焦虑，要适时地安慰和劝导自己。像杰克那样根据概率分析事情发生的可能性。如果根据概率推算出事情不可能发生，这样通常能消除你90%的焦虑。

焦虑会使你的心情紧张，总是担心和惦记某些事情并不能有助于你解决问题。坐飞机时即便你心里想一千遍会不会遇到飞鸟撞机事件，或者飞机坠毁等意外，在到达目的地前，你也只能老老实实待在机舱里。

焦虑就像不停往下滴的水，而那不停地往下滴的焦虑，通常会使人心神不宁，进而精神失控。焦虑也像一把摇椅，你在上面一直不停摇晃，却无法前进一步。

生活中情绪性的焦虑是多余的。生活中不如意之事很多，要善于把握自我，控制好自己的情绪，找出让自己高兴的方式和途径，远离焦虑，迎接阳光灿烂的每一天。

社会精英，谁动了你的健康

现在越来越多的人为了实现自我价值而拼命地工作，最后他们成了人人羡慕的社会精英。但是在羡慕背后，却藏着许多苦涩，焦虑情绪就是其中之一。许多社会精英都承受着别人想象不到的情绪压力，这些情绪压力直接影响到他们的身体健康，致使他们的生活不再如意，工作也不再顺心了。

2000年，36岁的王志国从政府机关辞职，只身来到北京，创办了一家律师事务所。那时候，他的家里刚刚贷款买了房，太太为照顾幼小的女儿，一直没有上班，他为了在北京站稳脚跟，半年时间，只是请客吃饭、交通住宿就花了6万多元。小案子不愿接，大案子也没有。不但没能挣到钱，而且一直往外投钱。

那是正常人无法体味的痛苦，王志国夜夜躺在床上，辗转反侧不能入睡。早上起床后,看见什么都想发脾气,双手不停地发抖,恶心,头痛欲裂。那时的他甚至想自杀。在外人眼里,王志国是一个硕士,有自己的公司,事业有成,家庭美满。但他不足40岁,却因为工作中遇到的一点挫折而痛苦不堪。

作为社会精英的王志国,由于自身的敏感以及长期的工作压力,整个人处于一种焦虑状态,这是"精英症"的典型表现。社会精英是指那种社会地位、受教育程度较高的人群。这一人群有以下明显的特征。

(1)事业心强,有成就感。

(2)有强烈的工作动机,勤奋地工作。

(3)对工作充满激情,似乎永远不知疲倦。

(4)很看重自己的声望,对自己要求严格,有很强的历史使命感。

(5)他们总是处于一种应激状态。

精英人群所具备的这些特征,也会对其工作和生活带来一定的负面影响:

首先,各种压力很大。他们拼命工作,不断自我加码,最后容易引发生命危机。

其次,当他们实际得到的和期望得到的、自己得到的和他人得到的之间存在很大差距时,就情绪失衡,容易愤怒,无名发火,这种属于表面愤怒,它的起因还是焦虑情绪。从身心健康的角度讲,焦虑情绪会进一步加重他们的心理负担,影响他们的身体健康。

再次,根据研究,长期处于压力状态下的人会经历"警觉""反抗"和"耗尽"三个阶段。这就是说应激精神状态可以导致身心疾病,甚至造成"过劳死"。

"过劳死"最简单的解释就是超过劳动强度而致死,是指"在非生理的劳动过程中,劳动者的正常工作规律和生活规律遭到破坏,体内疲劳淤积并向过劳状态转移,使血压升高、动脉硬化加剧,进而出现致命的状态",而造成这种状况的根本原因,还是由于心理压力过大。

社会要发展,竞争在加剧,精英在社会中的作用、地位越来越重要,与此同时,社会精英的健康状况也越来越引起人们的关注。那么,究竟有没有好的办法来应对呢?专家建议如下。

(1)工作1小时就安排15分钟的体育活动,活动要达到心跳适当加快、微微出汗的效果。

(2)要多学习关于健康的知识,以利于形成健康的生活意识和方式。

(3)及时进行有针对性的体检,对存在的健康隐患及早处理,防患于未然。

为了生存,我们必须面对各种各样的压力,这是无法改变的现实。但是,如果所有压力都被自己背起来,焦虑迟早会让你的生活亮起红灯。放下压力,赶走焦虑,我们就能享受健康的生活。

及时说出压力，清理情绪垃圾

适当的压力有益于生活、学习和工作，但压力一旦过度，既会影响身心健康，也会影响日常生活、学习和工作。

不及时说出烦心事或内心的想法，心理负担就会加重。碰到难题时，如果及时向人诉说，互相交流，便可得到放松，减轻心理压力，焦虑情绪自然不会来。

要形成说出压力的好习惯。用有声言语做出结论，对身心有引导、定型和安抚的作用。因而，有压力别闷在心里，要找人说出来。

常婷婷是一家公司的人力资源主管，每天琐碎的事情有一大堆，她经常要做各种计划，所以就很容易焦虑，身居高位，既害怕做错事被自己的领导批评，又担心下属难以管教。外人看见的她总是衣着光鲜，其实没有人了解她心里的苦。每当婷婷有焦虑的情绪产生时，她就会大吃大喝以排解自己的压力，结果反倒弄得自己的肠胃也跟着受罪。

婷婷的妈妈看到辛苦的女儿，很是心疼。一次拉过婷婷的手，说道："孩子，有压力就要说出来，憋在心里会出问题的。"婷婷却假装坚强地说："妈，我没事，您放心吧。"此时，妈妈摸了一下女儿的头发，又说道："婷婷啊，你知道爸爸妈妈为什么给你取这个名字吗？就是希望你生活压力不要太大，一辈子都要不时停下来，放松一下自己。我们是你最亲近的人，和我们说说你的压力，不会给我们造成负担，我们都希望你快乐！"婷婷听完后，眼泪立刻就流了下来，和妈妈整整聊了一个晚上。

很多人就像婷婷一样，出于各种原因，不愿将自己的压力说出来，这样焦虑的情绪也就得不到释放。其实，心平气和地向别人倾诉一下心中的焦虑，不仅情绪压力没有了，别人的一个鼓励和拥抱，还能激发我们更多的正面情绪。

如果负荷长时间过重，身心就会受不了。压力也同样如此，背负得太久，迟早有一天会滑向崩溃的边缘，所以，我们需要在有压力时就及时说出来。

不及时说出内心的想法会让人痛苦不堪，也许就会出现精神错乱，甚至会出现更可怕的恶果。

因而，找人诉说压力，在诉说的过程中宣泄那些焦虑情绪。说的过程也是在讨论问题，在听取别人的意见时，可能就会找到解决问题的方法。或许，自己当时面临的问题并不难解决，只是当时内心焦虑，难以平静下来。如果能够当即说出这些问题，并和听者进行沟通交流，找到症结所在，问题即可迎刃而解，焦虑情绪自然就能得到排解。

第七章 慢慢品味，快乐生活——摆脱疲劳

生活的乐趣不仅是不停地奔跑

很多时候,我们被生活中一个又一个目标逼迫得只会忙着赶路,不仅工作紧张,而且情绪紧张,在做一件事情的时候会想到还有一大堆的事情在等着自己,于是,经常匆匆忙忙,急躁不堪,当我们回首的时候,却突然发现因为自己匆忙地赶路,往往失去了更美好的事情。

有这样一个故事。

父子俩一起耕作一片土地。一年一次,他们会把粮食、蔬菜装满那辆老旧的牛车,运到附近的镇上去卖。但父子两人相似的地方并不多,老人家认为凡事不必着急,年轻人则性子急躁。

这天清晨,他们又一次运货到镇上去卖。儿子用棍子不停催赶牛车,要牲口走快些。

"放轻松点,儿子,"老人说,"这样你会活得久一些。"

可儿子坚持要走快一些,以便卖个好价钱。

快到中午的时候,他们来到一间小屋前,父亲说要去和屋里的弟弟打招呼。儿子继续催促父亲赶路,但父亲坚持要和好久不见的弟弟聊一会儿。

又一次上路了,儿子认为应该走左边近一些的路,但父亲却认为应该走右边有漂亮风景的路。

就这样，他们走上了右边的路，儿子却对路边的牧草地、野花和清澈河流视而不见。最终，他们没能在傍晚前赶到集市，只好在一个漂亮的大花园里过夜。父亲睡得鼾声四起，儿子却毫无睡意，只想着赶快赶路。

在第二天的路上，父亲又不惜浪费时间帮助一位农民将陷入沟中的牛车拉出来。这一切，都使儿子气愤异常。他一直认为父亲对看日落、闻花香比赚钱更有兴趣，但父亲总对他说："放轻松些，你可以活得更久一些。"

到了傍晚，他们才走到俯视城镇的山上。站在那里，夕阳染红了从山下到城镇的一草一木，光线柔和而不刺眼，妇女们坐在一起闲话家常，老人们正围着几盆花欣赏……他们看了好长一段时间，两人都不发一言。这都是年轻人平时所没有观察到的景色，却是父亲一直希望能放在眼中的人生的景色。

终于，年轻人把手搭在老人肩膀上说："爸，我明白您的意思了。"

他把牛车掉头，离开了原来的地方。

很多时候，我们就和这个青年一样，在人生中不断地奔跑，向着下一个目标不断地奋进，我们的生活被一个又一个的目标所占满，心里、眼里也只剩下这些目标，当我们回头的时候，却发现生命的过程实际上才是最美妙的。

生活的乐趣绝不在于不停地奔跑，生活需要一杯茶的清香，需要一碗酒的浓烈。每天早晨出来呼吸着那些新鲜的空气，给自己泡一杯咖啡,听一支优美的曲子,抑或在休息的时候给朋友送去自己亲手包的饺子,或者是陪着父母一起坐在电视机前说着那些实际上已经说了无数次的经典家常,又或者一家三口一起去海边游玩,这样可以让心灵得到极大的放松……

一个樵夫上山去打柴,看见一个人在树下躺着乘凉,就忍不住问他:"你为什么不去打柴呢?"

那人不解地问:"为什么要去打柴?"

樵夫说:"打了柴好卖钱呀。"

"那么卖了钱又有什么用呢?"

"有了钱你就可以享受生活了。"樵夫满怀憧憬地说。

乘凉的人笑了:"那么你认为我现在在做什么?"

这个乘凉的人没有盲目地把自己投入紧张的生活,他过的是一种恬静的日子——躺在树下轻松自在地呼吸,并且对生命充满由衷的喜悦与感激。这种发自内心的简单与悠闲的生活方式是多么令人向往啊!

在追逐生活的过程中,我们也应该尝试着放弃一些复杂的东西,让一切都恢复简单的面孔。其实生活本身并不复杂,复杂的只是我们的内心。所以,要想恢复简单的生活,必须从心开始,净化情绪上的杂质,让心灵自由飞舞。

冲破"心理牢笼"

现实生活中，有很多人不自觉地把令自己讨厌的事塞满脑袋，把一些不相干的事与自己联系在一起，造成了情绪上的压力。殊不知，对于令自己讨厌的、想不通的事，我们可以不去想，否则最后你就会变成压力的囚徒。

人的"心理牢笼"千奇百怪，五花八门，但有一点是相同的，那就是所有的"心理牢笼"其实都是自己给自己营造的。就拿自寻烦恼来说吧，有人老是责备自己的过失，有人总是唠叨自己坎坷的往事和不平的待遇，有人念念不忘生活和疾病带来的苦恼……时间一长，就不知不觉地把自己囚禁在"心狱"里。自寻烦恼有很多种，其中一种是喜欢用自己不懂的事情塞满脑袋，使自己陷入紧张、痛苦之中。

有一位旅者，经过险峻的悬崖时，一不小心掉落山谷，情急之下抓住崖壁上的树枝，上下不得，祈求上天慈悲营救。这时天神真的出现了，伸出手过来接他，并说："好！现在你把抓住树枝的手放下。"但是旅者执迷不悟，他说："把手一放，势必掉到万丈深渊，粉身碎骨。"

旅者这时反而更抓紧树枝，不肯放下。这样一位执迷不悟的人，天神也救不了他。

不肯放下，让这位旅者失去了最后的一次生存机会。我们

总是执迷不悟,对于种种欲望不肯放手,死死握紧,不肯去寻找新的机会,发现新的思考空间,所以陷入负面情绪中。

人的一生充满坎坷,稍不留神,就会被自己营造的"心狱"监禁。在"心狱"里,很多人还在不停地折磨自己,结果造成无法挽回的悲剧。有人认为,"心狱"无法逃离。但事实怎样?人的"心理牢笼"既然是自己营造的,人就有冲出"心理牢笼"的能力。这种能力就是精神上的包容,有了这种包容,什么样的"心理牢笼"都可以攻破。

有这样一句话:除了上帝之外,谁能无过?犯了错只表示我们是人,不代表我们就必须承受如下地狱般的折磨。我们唯一能做的就是正视这种错误的存在，从错误中吸取教训，以确保未来不再发生同样的憾事。接下来就应该获得绝对的宽恕，然后把它忘了，继续前进。

人的一生充满许多坎坷、许多愧疚、许多迷惘、许多无奈，如果不加注意，我们就很容易在这个迷宫里走丢。营造"心理牢笼"，不费多少精力一瞬间就能制造出来，这对人的健康危害极大。人的心脏病患，大多与"心狱"有关，严重者则会造成精神失常，甚至自杀。

我们要攻破自己营造的"心理牢笼"，让自己尽情享受生活的快乐。

疲劳之前多休息

疲劳的人容易心情忧虑，这时需要停下匆忙的脚步，让自己放松下来。

任何一位略懂医学常识的人都知道，疲劳会降低身体免疫力，而任何一位心理学家也会告诉你，疲劳同样会降低你对忧虑和恐惧等感觉的抵抗力。所以，防止疲劳在一定程度上也就可以防止忧虑。

雅各布森医生是芝加哥大学实验心理学实验室主任，他花了很多年的时间，研究放松紧张情绪的方法在医药上的用途，同时他还写了两本这样的书。他认为任何一种情绪上的紧张状态，在完全放松之后忧虑就会消失。也就是说，如果你能放松紧张情绪，忧虑也就随之解除了。

丹尼尔说："休息并不是绝对什么事都不做，休息就是修补。"短短的休息时间，就能有很强的修补功能，即使只打5分钟的瞌睡，也能做到防"疲"于未然。

棒球名将迈克尔说，每次比赛之前如果他不睡一会儿的话，到第五局就会觉得筋疲力尽。可是如果赛前睡一会儿，哪怕只睡5分钟，他也能够赛完全场，而且不感到疲劳。

有人曾问过罗斯福夫人，她在白宫的12年里，是如何应对那么多繁忙的事务的。她说，每次接见一大群记者或者是要发表一次演说之前，她通常都坐在一张椅子上或是沙发上，闭目养神20分钟，从而保持精力充沛。

吉恩·奥特里是一位著名的马术比赛选手。在他将要参加世界骑术大赛时，他总是在他的休息室里放上一张行军床。"每天下午我都要在那里躺一会儿，"吉恩·奥特里说，"当我在好莱坞拍电影的时候，我常常倚靠在一张很大的软椅子里，每天睡一两次午觉，这样可以使我精力旺盛。"

爱迪生也认为他无穷的精力和耐力，都来自他能随时想睡就睡的习惯。

像故事中提到的人们那样，多休息会让人精力充沛。亨利·福特80岁大寿时依然精神矍铄，他看起来总是那样有精神，那样健康。有人问他保持精力旺盛的秘诀是什么，他说："能坐下的时候我绝不站着，能躺下的时候我绝不坐着。"这真是聪明人的大智慧。

好莱坞的一位著名电影导演杰克也曾尝试过类似的方法。他后来说，效果出奇地好。他说几年前他常常感到劳累和疲乏，为此，他几乎什么方法都试过，长期吃维生素和其他的补药，但对他没有一点帮助。专家建议他可以天天去"度假"，怎么做呢？就是当他独自在办公室里，或和手下开会前，躺下来放松自己，放松心情。

过了两年，他说："奇迹出现了，这是我医生说的。以前每次和我手下的人谈工作的时候，我总是坐在椅子上，非常紧张和劳累。现在每次开会前，我喜欢小憩片刻。躺在办公室的长沙发上。我现在觉得比从前好多了，每天能多工作两个小时，而且很少感到疲劳。"

你是如何对付紧张的工作压力的呢？如果你是一名打字员，你就不能像爱迪生那样，每天在办公室里睡午觉；而如果你是一个会计师，你也不可能躺在长沙发上跟你的老板讨论账目报表的问题。但是如果你的生活节奏比较慢，就可以利用每天中午吃午饭的时间睡10分钟的午觉。

如果你已经过了50岁，你还没一点休息时间，那么赶快趁早买保险吧，预防过早地倒下。要是你没有办法在中午睡个午觉，至少要在吃晚饭之前躺下休息一个小时，这比喝一杯饭前酒效果要好得多，也不用花一分钱，省钱又省力。

素有"科学管理之父"之称的泰罗通过一系列试验发现，疲劳因素对工作效率有至关重要的影响。得到合理休息的工人的工作效率明显得到提高，在同样的时间内，能完成更多的工作量，一天下来，劳动成果是没有休息的其他工人的四五倍。由此可知，疲劳前的休息多么有益！

因此，保持生机勃勃、精力充沛、永不劳累的秘密，就是常常休息，在你感到疲劳之前先休息。

学会忙里偷闲，张弛有度

这是一个令人难以置信的事实：只劳心工作，并不会让人感到疲倦。英国著名的精神病理学家哈德菲尔德在其《权力心理学》一书中写道："大部分疲劳的原因源于精神因素，真正因生理消耗而产生的疲劳是很少的。"

著名精神病理学家布利尔更加肯定地说："健康状况良好而常坐着工作的人，他们的疲劳百分之百是由于心理的因素，或是我们所谓的情绪因素。"

那长期工作者存在的情绪因素是什么？喜悦？满足？当然不是！而是厌烦、不满，觉得自己无用、匆忙、焦虑、忧烦等。这些情绪因素会消耗掉这些长期坐着工作的人的精力，使他们容易精力减弱，每天带着头痛回家。不错，是我们的情绪在体内制造出紧张而使我们觉得疲倦。

为什么你在工作时会感到疲劳呢？著名精神病理分析家丹尼尔·乔塞林说："我发现症结在哪里了——几乎全世界的人都相信，工作认不认真，在于你是否有一种努力、辛劳的感觉，否则就不算做得好。"于是，当我们聚精会神的时候，总是皱着眉头，紧绷肩膀，我们要肌肉做出努力的动作，其实那与大脑的工作一点关系也没有。

大多数人不会随便地浪费自己的金钱，但是他们在鲁莽地浪费自己的精力，这是一个令人难以置信却必须承认的事实，那么，什么才是解除精神疲劳的方法？要学会在工作的时候让自己放松。

古人云："一张一弛，乃文武之道。"人生也应该有张有弛，也应该忙里偷闲。人生就像根弦，太松了，弹不出优美的乐曲；太紧了，容易断。只有松紧合适，才能弹出舒缓优美的乐章。

休闲与工作并不矛盾。处理好二者的关系，最重要的是能拿得起放得下。俗话说得好："磨刀不误砍柴工。"该工作的时候就好好工作，该休息放松的时候就玩个痛快。这样才能更好地工作，更好地生活。

工作、休闲应该合理搭配，劳逸结合。可以隔三岔五地安排一个小节目，比如雨中散步、周末郊游、烛光晚餐等。适时的忙里偷闲，可以让人从烦躁、疲惫中及时摆脱出来，从而获得内心的平静和安详。

要养成一种张弛有度的习惯，以最佳的精神状态应对工作、当你进行每天的工作时，就会获得一种放松的状态，更加理性、有激情。每天都要练习一会儿，并"详细地记得"放松的感觉。回想你的手臂、腿、背、颈、脸等各处的感觉。想象自己躺在床上，或坐在摇椅上，这样会帮你仔细回想。默默地对自己说几次："我觉得愈来愈放松。"每天练习几次，你会惊奇地发现这样不仅能大大减少你的疲乏，还会提高你的办事能力，由于经常放松，你就可以清除那些忧心、紧张和焦虑了。

要学会放松，你还可以试试下面的方法。

（1）随时保持轻松，让身体像只猫一样松弛。猫全身软绵绵的，就像泡湿的报纸。练瑜伽的人也说过，要想精通"松弛术"，就要学学懒猫。

（2）工作的环境要尽量舒适轻松。记住，身体的紧张会导致肩痛和精神疲劳。

（3）每天对着镜子看。并且自问："我做事有没有讲求效率？有没有让肌肉做那不必要的劳作？"这样会使你养成一种自我放松的习惯。

（4）晚上回想自己的一天过得是否有意义。想想看："我感觉有多累？如果我觉得累了，那不是因为劳心的缘故，而是我工作的方法不对。"丹尼尔·乔塞林说过："我不以自己劳累的程度去衡量工作效率，而用不累的程度去衡量。"他还说："一到晚上觉得特别累或者容易发脾气，我就知道当天工作的质量不佳。"如果全世界的工作者都懂得这个道理，那么，因过度紧张所引起的高血压死亡率就会迅速下降，我们的精神病院和疗养院也不会人满为患了。

其实，不只是工作，做任何事情都一样，学会忙里偷闲，张弛有度。让自己不过于劳累，保持一个平和的心态，才能有更好的心情和活力去做事情。

尝试简约生活，别活得太累

你是否经常发现自己莫名其妙地陷入一种不安之中，而找不出合理的理由。面对生活，我们的内心会发出微弱的呼唤，只有躲开外在的嘈杂喧闹，静静聆听并听从它，你才会做出正确的选择，否则，你将在匆忙喧闹的生活中迷失，找不到真正的自我。

一些过高的期望其实并不能给你带来快乐，反而会一直左右我们的生活：拥有宽敞豪华的寓所、完美的婚姻；让孩子享受最好的教育，成为最有出息的人；努力工作以争取更高的社会地位；能买高档商品，穿名贵的皮衣；跟上流行的大潮，永不落伍。

要想过一种简单的生活，改变这些过高期望是很重要的。富裕奢华的生活需要付出巨大的代价，而且并不一定给人带来幸福。如果我们降低对物质的需求，改变这种奢华的生活目标，我们将节省更多的时间以充实自己。轻闲的生活将让人更加自信果敢，珍视人与人之间的情感，提高生活质量。幸福、快乐、轻松是简单生活追求的目标。这样的生活更能让人认识到生命的真谛。

生活需要简单来沉淀。跳出忙碌的圈子，丢掉过高的期望，走进自己的内心，认真地体验生活、享受生活，你会发现生活原本就是简单而富有乐趣的。简单生活不是忙碌的生活，也不是贫乏的生活，它只是一种不让自己迷失的方法，你可以因此抛弃那些纷繁而无意义的事情，全身心投入你的生活，体验生命的激情和至高境界。

一位专栏作家曾这样描述过一些普通上班族的一天：

7点铃声响起，开始起床忙碌：洗澡，穿职业套装——有些是西装、裙装，另一些是大套服，医务人员穿白色的，建筑工人穿牛仔和法兰绒T恤。吃早餐（如果有时间的话）。抓起水杯和工作包（或者餐盒），跳进汽车，接受每天被称为高峰时间的惩罚。

从上午9点到下午5点工作……装得忙忙碌碌，掩饰错误，微笑着接受不现实的最后期限。当"重组"或"裁员"的斧子（或者直接炒鱿鱼）落在别人头上时，自己长长地松了一口气。扛起额外增加的工作，不断看表，思想上和你内心的良知作斗争，行动上却和你的老板保持一致。再次微笑。

下午5点整，坐进车里，行驶在回家的路上。与配偶、孩子或室友友好相处。吃饭，看电视。

8小时天赐的大脑空白。

文章中描写的那种机械无趣的生活，身边处处发生。像这样，每天都在一片大脑空白中忙碌着，置身于一件件做不完的琐事和想不到尽头的杂念中，丝毫体验不到生活的乐趣，这个时候，就需要让自己休息一段时间，去重新找到生活的意义和乐趣。

什么事情也不做，每天抽出1小时。一个人静静地待着，放下所有的工作，当然前提是，你要找一个清静的地方，否则如果是有熟人经过，你们一定会像往常那样漫无边际地聊起来。也许刚开始的时候，你会觉得心慌意乱，因为还有那么多事情等着你去干，你会想如果是工作的话，早就把明天的计划拟定好了，这样坐着，分明就是在浪费时间。可是，如果你把这些念头从大脑中赶走，坚持下去，渐渐地你就会发现整个人都轻松多了，这1小时的清闲让你感觉很舒服，工作起来也不再像以前那样手忙脚乱，你可以很从容地去处理各种事务，不再有逼迫感。你可以逐渐延长空闲的时间，4小时、半天甚至一天。

一旦养成习惯，你的生活将得到很大改善，把你从混乱无章的感觉中解救出来，让头脑得到彻底净化。

量力而为，才不会力不从心

生活里，有人为了获得巨大的利益，不停地调整自己的路线，甚至急躁地想要直奔利益的终点，可是急于求成的人往往会事倍功半。还有一些人，他们每天都在为了未来的事情操心，最后把自己弄得身心俱疲。但是命运只肯按照现实的样子，向我们展示生活，根本不可能因为我们的急躁就提前向我们展开未来的画卷。所以，我们只能按照自己既定的生活路线，一步一步慢慢地向前行走，为自己的未来打开局面。

有一位登山运动员攀登珠峰，在到达海拔8000米处时，因为感觉体力不支而停了下来。后来当他讲到这段经历时，大家都替他惋惜，为何不再坚持一下呢？再咬紧一下牙关，再攀一点高度！但是他非常肯定地说："不。我自己最清楚，海拔8000米是我登山生涯的最高点，我一点都没有遗憾。"他清楚地知道海拔8000米是他人生的最高点。

假如在攀登过程中，这位运动员不顾身体的劳累，咬紧牙关奋力向上，等待他的可能不是成功的喜悦，而是更强烈的高原反应，他也许会因体力不支而倒下，他也许再也没有办法继续他的人生。因此，他明智地退出，这样既保全了性命，又获得了属于自己的荣耀，同时也达到了自己人生的最高峰。如果我们在生活中也能这样量力而为，那么我们的人生将因此而充实无憾，我们前行的道路因此而绵延悠长。量力而为，才不会力不从心，才会领略到生命别样的风采。

对于工作和生活，我们不用刻意去追求，只要用心经营，憧憬着美好的前途，量力而行，即使眼前是一片荆棘，也不会觉得力不从心。我们或许会感叹自己的生活平淡无味，有时会觉得自己的工作琐碎繁重，有时会气馁于工作上的某种失败，但只要我们时常怀有感恩的心态，便能从腐朽中发现神奇，从平凡中寻到精彩，从失败中吸取教训。

简单的生活并不代表着要枯燥乏味，而且正好相反，是我们听从内心的呼唤，抛弃那些纷繁而无意义的事情，投入新的生活，体验生活的本来色彩和淳朴趣味。

心灵是一方广袤的天空，它包容着世间的一切；心灵是一片宁静的湖水，偶尔也会泛起阵阵涟漪；心灵是一块皑皑的雪原，它辉映出一个缤纷的世界。尘世间，无数人眷恋轰轰烈烈，为了金钱，或者为了名利而狼狈地聚集在一起互相排挤、相互厮杀。而生活的智者却总能留一江春水细浪，淘洗劳碌之身躯，存一颗宁静淡泊之心，寄寓灵魂。追求更高的生活境界固然很好，但是必须记住：只有量力而为，才不会力不从心。

第八章
对发生的事不要纠结——放下后悔

别让不幸层层累积

美国第六任总统约翰·昆西·亚当斯提醒人们说:"不要把新掉的眼泪浪费在昔日的忧伤上。"乔治五世在白金汉宫的墙上挂着下面这句话:"我不要为月亮哭泣,也不要为过去的事后悔。"叔本华也说过:"能够顺从,就是你在踏上人生旅途中最重要的一件事。"

一次不幸就已经让你有了一次负面情绪的体验,如果再后悔就会不断累积这种体验。在人的一生中,会时时遇到悔恨,但过多的悔恨如果不能及时清空,就会在日积月累中聚集生命的脆弱点,如同长堤中那些看似渺小的蚁群,由于它们的蚕食,长堤上的薄弱点越来越多,终有一天,长堤将被巨浪冲垮。

有一个小女孩,她从小就特别喜欢跳舞。但是,在她小学二年级时发生的一件事,影响了她的一生。因为她虚荣心比较强,她偷走了同桌的一块漂亮橡皮,后来她遭到全班同学的嘲笑。

小女孩的心里非常受伤,一时冲动就用圆规在自己的手背上刺了个印记。若干年后,小女孩出落得亭亭玉立了,在她满怀欣喜地准备报考自己最爱的舞蹈专业时,才发现这块突兀的印记在她白皙的手背上是多么的显眼。因为印记的关系,小女孩与舞蹈专业擦肩而过,而且在以后的生活中,她也是畏畏缩缩,不敢大大方方地把手拿出来，这也让她变得极不自信。就因为童年这个不幸的记忆，她逐渐变得讨厌自己，还患上了忧郁症。

要学会从过去的不幸中走出来，其中一个最好的方法就是每天播种一个希望，让希望引领你走出过去，迎接每一个崭新的日子。一个人关上过去的窗，打开未来的门，就如同一个人想给自己的衣柜里面再放进去一些新的衣服，但是旧衣服挤满了柜子，想让新衣服放进去，只有拿出那些旧的衣服，才能给新的衣服腾出空间。有人觉得拿出来扔掉太可惜了，但实际上这些旧衣服的利用率极低，只是占空间。这就如同人的大脑一样，如果里面存了过多灰暗、悲伤的事情，那么，未来幸福、美好的事情就无法填进你的大脑里面，人又怎么能快乐起来呢？

一个人要及时走出过去的情绪阴影。因为没有一个人是没有过失的，如果有了过失能够决心去改正，即使不能完全改正，只要继续不断地努力下去，心中也会坦然。徒有感伤而不从事切实的补救工作，那是最要不得的。我们应当吸取过去的经验教训，但也不能总是在阴影下活着。内疚是对错误的反省，是人性中积极的一面，却又属于情绪的消极一面。我们应该分清这二者之间的关系，反省之后迅速行动起来，把消极变成积极，让积极的更积极。

我们不能抛弃过去，可是也不能做过去的奴隶。在心灵的一个角落里，珍藏起自己走过的路上遭遇的种种喜怒哀愁、酸甜苦辣，再把更广阔的心灵空间留给现在。

不要长期沉浸在懊悔的情绪中

我们会因为自己做错事而产生懊悔的情绪,这种情绪本身是健康积极的,代表我们已经意识到事情的错误本质或者给别人造成的伤害,少量的懊悔情绪会让我们朝着弥补错误的方向去努力,做更加优秀的自己。但是,如果我们长期处在懊悔之中,则对身心是一种损耗,我们每天会惶惶不可终日,总是担心别人责怪我们,或是担心事情会变得越来越糟,而没有将懊悔的情绪转化为正面的行动。仅仅用懊悔情绪而不是正面行动来对待错误,会让我们的损失更大,甚至失去生活中的很多乐趣。

有一个著名的哲理故事"不为打翻的牛奶哭泣",就说明了这个道理。

在美国纽约市的一所中学里,某班的多数学生常常为学习成绩不理想而感到忧虑和不安,以致影响了下一阶段的学习。一天,保罗博士在实验室给他们上课,他先把一瓶牛奶放在桌子上,沉默不语。

同学们不明白这瓶牛奶和这节课有什么关系,只见他忽然站了起来,一巴掌把那瓶牛奶打翻在水槽中,同时大喊了一句:"不要为打翻的牛奶哭泣!"然后他叫所有同学围拢到水槽前仔细看那破碎的瓶子和淌着的牛奶。博士一字一顿地说,"你们仔细看一看,我希望你们永远记住这个道理:牛奶已经淌完了,不论你怎样后悔和抱怨,都没有办法取回一滴。你们要是事先想一想,加以预防,那瓶牛奶还可以保住,可是现在晚了,我们现在所能做到的,就是把它忘记,然后注意下一件事!"

当牛奶杯子被打翻,牛奶洒了,你是该为洒了的牛奶而哭泣后悔,还是行动起来找出教训,以后不再打翻?答案是显而易见的,当然应该是后者。流入河中的水是不能取回的,打翻的牛奶也不能重新收集起来。或许你在一段时间里会自责不已,但请记住:不要为打翻的牛奶哭泣。牛奶打翻在地已是既成事实,即使你再哭泣,也于事无补。它不会吝惜你的眼泪,也不会被你感动。你只有调整情绪,面对现实,正视它,吸取教训,争取拥有一杯更纯、更好的牛奶。

当你经历挫折的时候,必须勇于忘却过去的不幸,重新开始新的生活。莎士比亚说:"聪明人永远不会坐在那里为他们的损失而哀叹,却用情感去寻找办法来弥补他们的损失。"这就像那些明智的投资者,既然自己的投资已经构成了沉没成本,再唏

嘘嗟叹也于事无补，倒不如接受教训，放下包袱，轻装前行。

"吃一堑，长一智"是很重要的。如果你连续不断地打翻牛奶，那就应该好好反省，找出症结所在，把问题彻底解决。这样，每经历一次困难、挫折，你就会增长一些经验，获得更丰富的人生经历。如果你身边的人，他们没有打翻过牛奶，或是极少打翻过，那你最明智的做法就是，认真学习人家的经验，虚心地向他们请教。在没有打翻牛奶之前，找到避免打翻它的做法，是最经济、最有效的方法。

学会从失败的深渊里走出来

失败并不可怕，问题是我们能不能善待失败，能不能进行正确的情绪反馈。只要找到上次失败的原因，就会在下一次减少自己后悔的情绪，我们就会离成功越来越近。

乐观情绪的光环并不是只围绕那些成功者运转，只要我们及时放下后悔，也有成功的机会。善待失败，找出失败的原因，进行自我反思，就为下一步的成功奠定了基础。

错误可以说是这个世界的一部分，与错误共生是人类不得不接受的命运。但错误并不总是坏事，从错误中吸取经验教训，再一步步走向成功的例子比比皆是。因此，当出现错误时，我们应该了解错误的潜在价值，然后把这个错误当作垫脚石，从而获取成功。

1958年，弗兰克·康纳利在自家杂货店对面经营了一家比萨饼屋，筹措他的大学学费。19年后，康纳利卖掉3100家连锁店，总值3亿美元，他的连锁店叫作必胜客。

对于其他也想创业的人，康纳利给他们的忠告很奇怪："你必须学会反省失败。"他的解释是这样的，"我做过的行业不下50种，而这中间大约有15种做得还算不错，那表示我大约有30%的成功率。可是你总是要出击，而且在你失败之后更要出击。你根本不能确定你什么时候会成功，所以你必须先学会反省自己为什么会失败。"

康纳利说必胜客的成功归因于他从错误中学得的经验。在俄克拉荷马的分店失败之后，他知道了选择地点和店面装潢的重要性；在纽约的销售失败之后，他做出了另一种硬度的比萨饼；当地方风味的比萨饼在市场出现后，他又向大众介绍芝加哥风味的比萨饼。

康纳利失败过无数次，可是他善于反省、总结失败的教训。

这就是自省的力量。如果你也能善于自我反省、总结失败的教训，把它们化作成功的垫脚石，那么成功就在前方不远处等着你。反省是一面镜子，它能照出失败的根源，也能照出负面情绪的可怕之处。

泰戈尔在《飞鸟集》中写道："只管走过去，不要逗留着去采下花朵来保存，因为一路上，花朵会继续开放的。"为采集路边的花朵而花费太多的时间和精力是不值得的，道路还长，前面还有更多的花朵，让我们一路走下去。

抓住过去的错误不放，久久徘徊在苦痛、悔恨中是不明智之举，因为在我们一直谴责自己的时候，会有很多机会从我们的身边溜走。古希腊诗人荷马说："过去的事已经过去，过去的事无法挽回。"昨日的阳光再美，也移不到今日的画册中。我们应该好好把握现在，珍惜此时此刻的拥有，不要把大好的时光浪费在对过去的错误的悔恨之中。过去所犯的错误就让它永远地过去，再懊悔也已于事无补，倒不如抖落一身的尘埃，继续上路，相信人生将有更美的风景在前方等待着你。

美国作家马克·吐温曾经经商，第一次他从事打字机的生意，因受人欺骗，赔进去19万美元；第二次办出版公司，因为是外行，不懂经营，又赔了10万美元。两次共赔将近30万美元，不仅把自己多年心血换来的稿费赔个精光，还欠了一大堆的债务。

马克·吐温的妻子奥莉姬深知丈夫没有经商的才能，却有文学上的天赋，便帮助他鼓起勇气，振作精神，重新走上创作之路。终于，马克·吐温很快摆脱了失败的痛苦，在文学创作上取得了辉煌的成就。

如果马克·吐温一直抓住过去的失败不放，那么他就没有成为著名作家的那一天。成功需要坚持，需要自己一次次从失败带来的情绪深渊中走出来。被情绪打败的人，永远不能品尝到成功的喜悦与甘甜。

失败并不可怕，我们只是被它打倒一次，受了点伤，流了点眼泪而已。但是如果你一直沉浸在失败带来的负面情绪中，就会觉得自己好像失去了双臂双脚，根本就没有力气爬起来。所以说，学会从失败的深渊里爬出来，才是我们接受失败之后应该做的事情，而不是活在失败情绪的阴影里。我们只有爬起来，才能再次出发，迎接未来的人生。

与其抱残守缺，不如断然放弃

爱默生经常以愉快的方式来结束每一天。他告诫人们："时光一去不返，每天都应尽力做完该做的事。疏忽和荒唐事在所难免，要尽快忘掉它们。明天将是新的一天，应当重新开始，振作精神，不要使过去的错误成为未来的包袱。"

要成为一个快乐的人，重要的一点是学会将过去的错误、罪恶、过失通通忘记，只是往前看。忘记过去的事，努力向着未来的目标前进。

印度"圣雄"甘地在行驶的火车上，不小心把刚买的新鞋弄掉了一只，周围的人都为他惋惜。不料甘地立即把另一只鞋从窗口扔了出去，众人大吃一惊。甘地解释道："这一只鞋无论多么昂贵，对我来说也没有用了，如果有谁捡到一双鞋，说不定还能穿呢！"

普通人在遇到这种情况后，肯定会流露出懊悔的情绪，然后责备自己。但是，甘地没有这么做。他没有产生负面情绪的原因在于他自身的观念：与其抱残守缺，不如断然放弃。我们都有过失去某种重要东西的经历，且大多在心里留下了阴影。究其原因，就是我们并没有调整好心态去面对失去，没有从心理上承认失去，总是沉湎于对已经不存在的东西的怀念。事实上，与其为失去的懊恼，不如正视现实，换一个角度想问题：也许你失去的，正是他人应该得到的。

卡耐基先生有一次曾造访希西监狱，他对狱中的囚犯看起来竟然很快乐感到惊讶。典狱长罗兹告诉卡耐基：犯人刚入狱时都积极地服刑，尽可能快乐地生活。有一位花匠囚犯在监狱里一边种着蔬菜、花草，还一边轻哼着歌呢！他哼唱的歌词是：

事实已经注定，事实已沿着一定的路线前进，

痛苦、悲伤并不能改变既定的情势，

也不能删减其中任何一段情节，

当然，眼泪也于事无补，它无法使你创造奇迹。

那么，让我们停止流无用的眼泪吧！

既然谁也无力使时光倒转，不如抬头往前看。

既然既定的事实无法改变，就坦然地面对失去吧！这才是正确的情绪反应。

只要你心无挂碍，把失去的东西看得云淡风轻，该放弃时放弃，何愁没有快乐的春莺在啼鸣，何愁没有快乐的泉溪在歌

唱,何愁没有快乐的白云在飘荡,何愁没有快乐的鲜花在绽放!所以,放下就是快乐,不被过去所纠缠,这才是豁达的人生。

别抓住自己的缺点不放

每个人都会有各种各样的缺点和不足,如果我们一味地沉浸在自己的缺点中无法自拔,那么生活还有什么意义呢?我们每一个人都是独一无二的,将自己的缺点放大,而看不到自己优点的人一定是不会快乐的。当你觉得自己没有一个优点的时候,说不准此刻别人正在羡慕你的才能。

小齐读大学的时候,所在班级每天中午都要上演一个同学们喜闻乐见的节目,就是"才艺大观"。按规定,班内的每个人都要参与,你可以发表演讲,也可以说段子、讲笑话,只要能展示你自己,并且大家爱听爱看,无论什么节目都可以。

有一天中午,轮到小齐上台表演。他可以说是班内男生里最不起眼的一个,无论是学习成绩还是外貌形象,倒数第一的准是他。只见他慢腾腾地走上讲台,摘下他那顶作为道具用的西部牛仔帽子,先向同学们深深地鞠了一躬,然后清清嗓子开始演讲。

"嗯!从身材上看,不用我说大家也可以看出,我属于'三等残疾'之列,但大家知道吗?我比拿破仑还高出1厘米

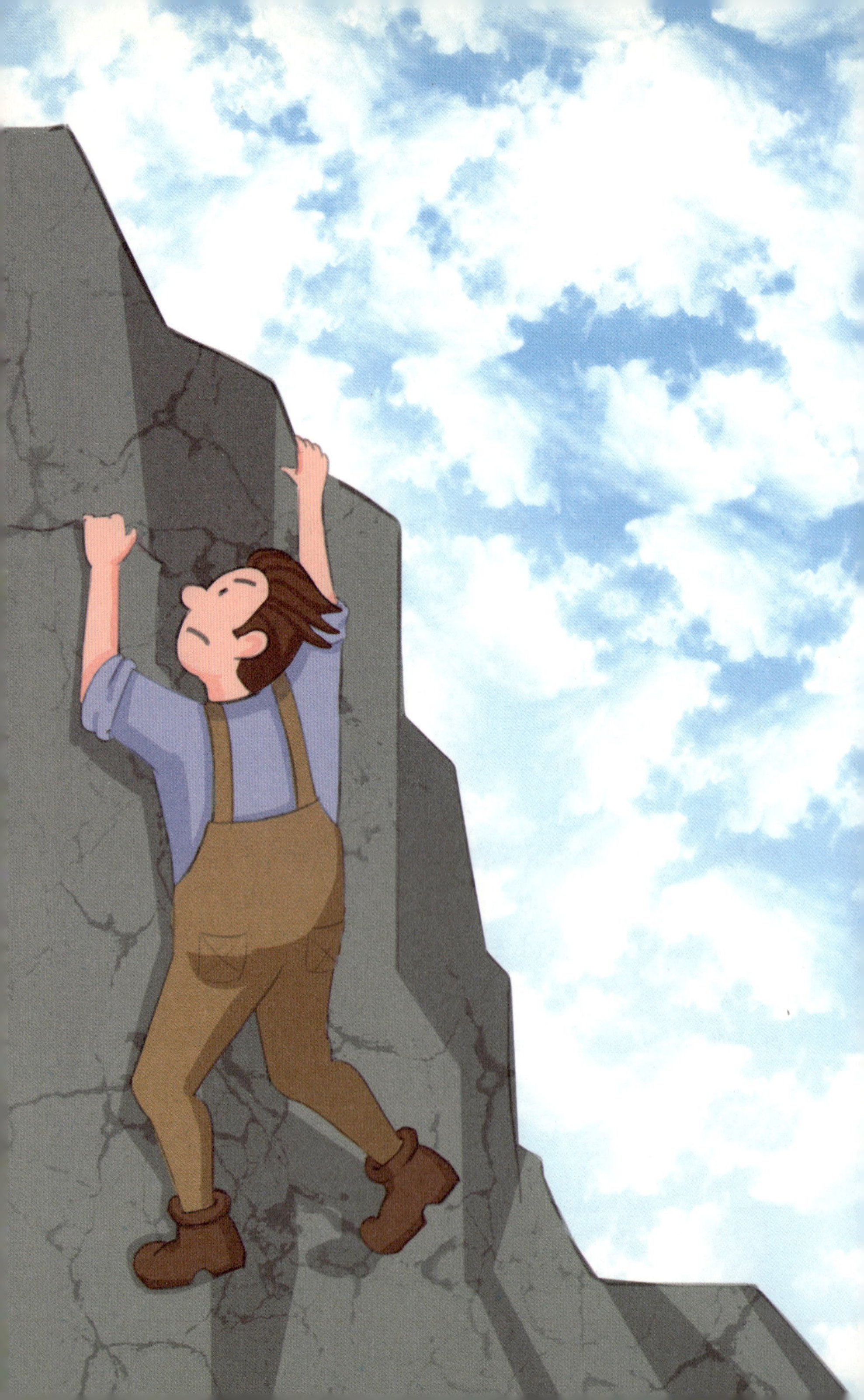

呢，他是1.59米，而我是1.6米；再有维克多·雨果，我们的个头儿都差不多；我的前额不宽，天庭欠圆，可伟大的哲人苏格拉底和斯宾诺莎也是如此；我承认我有些未老先衰的迹象，还没到20岁便开始秃顶，但这并不寒碜，因为有大名鼎鼎的莎士比亚与我为伴；我的鼻子略显高耸了些，如同伏尔泰和乔治·华盛顿的一样；我的双眼凹陷，但圣徒保罗和哲人尼采亦是这般；我这肥厚的嘴唇足以同法国君主路易十四媲美，而我的粗胖的颈脖堪与汉尼拔和马克·安东尼齐肩。"

沉默了片刻，他继续说："也许你们会说我的耳朵大了些，可是听说耳大有福，而且塞万提斯的招风耳可是举世闻名的啊！我的颧骨隆耸，面颊凹陷，这多像美国内战时期的英雄林肯啊；我那后缩的下颌与威廉·皮特和哥德斯密不分伯仲；我那一高一低的双肩，可以从甘必大那寻得渊源；我的手掌肥厚，手指粗短，大天文学家丁顿也是这样。不错，我的身体是有缺陷，但要注意，这是伟大的思想家们的共同特点……"

当小齐完成他的节目走下讲台时，班级里爆发出久久不息的掌声。

小齐的这次讲演，不仅在于他的风趣幽默与妙语连连，更在于他让同学们学会了如何对待自己的缺点。

不是我们不够优秀而是我们太难为自己，难为到我们自己也为之伤心、失落。一个人最闪光的时刻就是自信的时候，自信需要我们不断地寻找自身的优点，而不是一味地强调自己的缺点。一个外貌条件不出众的人可以比一个自身条件优越的人更有魅力,就是因为他充满自信。

人无完人,我们不要抓住自己的缺点不放,对此耿耿于怀,要快乐地接受,坦然面对,这样我们就能够驱散心头的忧虑,让快乐永驻心间。

第九章 相信阳光一定会再来——永怀希望

事情没有你想象的那么糟

　　人的一生不可能永远一帆风顺，大部分时间是平淡的，还有不少时间是灰暗的。这些灰暗的日子被我们称为苦难，面对苦难，每个人的承受能力不同，会表现出不同的情绪。有些人可以乐观应对，有些人却陷于其中不能自拔。乐观者，往往能以积极的心态看待问题，这样不仅可以使自己心情愉悦，而且正视问题的同时也可以使问题得到很好的解决；悲观者，总是感慨命运不济，认为自己是世界上最不幸的人，这样不仅不能解决问题，而且会加剧自己的痛苦。

　　很多刚刚步入社会的年轻人，由于自身的经验、才能都尚在成长之中，情绪容易受外界影响，加上社会上竞争激烈，各个用人单位对人才的要求不尽相同，面试遭淘汰，或者工作不适被辞退，这都是很正常的事情，我们不必为此耿耿于怀。只要我们相信自己，时刻提起精神，终会有"柳暗花明又一村"的新景象等待着我们。因为当生活把苦难带给我们时，其实又给我们推开了一扇窗，所以事情并没有你想象的那么糟。让我们学着用积极的态度去面对苦难，在苦难中学习，在苦难中成长。当越过苦难，这个过程就变成一生弥足珍贵的记忆。

　　西娅在维伦公司担任高级主管，待遇优厚。但是，突然不幸的事情发生了，为了应对激烈的竞争，公司开始裁员，而西娅也在其中。那一年，她43岁。

"我在学校一直表现不错，"她对好友墨菲说，"但没有哪一项特别突出。后来，我开始从事市场销售。在30岁的时候，我加入了那家大公司，担任高级主管。我以为一切都会很好，但在我43岁的时候，我失业了。那感觉就像有人在我的鼻子上给了我一拳。"她接着说，"简直糟糕透了。"西娅似乎又回到了那段灰暗的日子，语气也沉重了许多。

"有一段时间，我不能接受自己失业的事实。躲在家里，不敢出门，因为每当看到忙碌的人们，我都会觉得自己没用，脾气也越来越坏，孩子们也越来越怕我。情况似乎越来越糟糕。但就在这时，转机出现了。一个月后，一个出版界的朋友询问我，如何向化妆业出售广告。这是我擅长的东西。我重新找到了自己的方向：为很多上市公司提供建议，出谋划策。"两年后，西娅已经拥有了自己的咨询公司。她已经不再是一个打工者，而是成了一个老板，收入自然也比以前多了很多。

"被裁员是一件糟糕的事情，但那绝不是地狱。也许，对你来说，可能还是一个改变命运的机会，比如现在的我。重要的是对它如何看待，我记得那句名言：世界上没有失败，只有暂时的不成功。"西娅真诚地对墨菲说。

相信任何人在面临西娅那样的遭遇时都会苦恼不已，沉浸在低迷的情绪状态中。但是只要迅速地调整心态，转个弯就能找到另一条出路，就能获得成功。像西娅那样，即使被单位解聘淘汰了也不用计较，走过去，前面将有更光明的一片天空在等待着我们。

海伦·凯勒曾经说过："当一扇幸福的门关起的时候，另一扇幸福的门会因此开启；但是，我们却经常看着这扇关闭的大门太久，而没有注意到那扇已经为我们开启的幸福之门。"这正是上帝在以另一种方式告诉我们，我们未尽其才，"天生我材必有用"，不如天生我材自己用，社会不残酷不足以激发我们的生命力，竞争不激烈不足以显示我们的战斗力。

困难中往往孕育着希望

有人说，从绝望中寻找希望，人生终将辉煌。在人的一生中，积极的情绪是一种有效的心理工具，是能够把握自己命运的必备素质。如果你认为自己能够发挥潜能，那么积极的情绪便会使你产生力量和勇气，从而使你如愿以偿。

千万不要把事情想象得那么糟糕，也许明天早晨它就会出现转机。这是所有成功者给我们留下的忠告。成大事者必须在情绪低落的时候，激发自己的积极情绪，从而获取成功。

人的一生中，难免会遇到各种各样的困难，总会遇到一些不称心的人、不如意的事，此时，应该以什么样的心态面对这一切呢？如果你有快乐而又自信的好习惯，那么效果往往是出人意料的。

看一看这个故事吧。

有一位名叫艾伦的推销员,他很想当公司的明星推销员。因此他不断从励志书籍和杂志中培养积极的心态。有一次,他陷入了困境,这是对他平时进行积极心态训练的一次考验。

那是一个寒冷的冬天,艾伦在威斯康星州一个城市里的某个街区推销保险单。结果却没有售出一张保险单。他对自己很不满意,但当时他这种不满是积极心态下的不满。他想起过去读过的一些保持积极心境的法则。

第二天,他在出发之前对同事讲述了自己昨天的失败,并且对他们说:"你们等着瞧吧,今天我会再次拜访那些顾客,我会售出比你们售出总和还多的保险单。"基于这种心态,艾伦回到那个街区,又访问了前一天同他谈过话的每个人,结果售出了66张新的事故保险单。这确实是了不起的成绩,而这个成绩是他当时所处的困境带来的,因为在这之前,他曾在风雪交加的天气里挨家挨户地走了8个多小时而一无所获,但艾伦能够把这种对大多数人来说都会感到的沮丧,变成第二天激励自己的动力,结果如愿以偿。

这个故事告诉我们的是:人生充满了选择,而生活的态度决定一切。你用什么样的态度对待你的人生,生活就会以什么样的态度来对待你,你消极,生活便会暗淡;你积极向上,生活就会给你许多快乐。

当人们遭到严重的（或一定的）挫折以后所产生的诸如失落、无奈、困惑等情绪，会使自己对未来失去信心，因而处于牢骚满腹的心理状况，于是老气横秋，怨天怨地，长吁短叹。这些本是一些力不从心的老年人的"专利"，却使血气方刚，本应开拓事业、享受生活美好时光的年轻人，也沾染了这个毛病，结果失去青春的活力，失去人生的乐趣。

只有正确地对待生活，保持良好的情绪才能克服各种困难，快乐地生活。

当你的意识告诉你"完了，没有希望了"，你的潜意识也就会告诉你，绝处可以逢生，在绝望中也能抓住希望，在黑暗中总有一点光明。不错，黎明前的夜是最黑的，只要我们在漆黑的夜中能看到一线曙光，那么，我们就要相信光明总会到来，事情总会有转机。不要消沉，不要一蹶不振，你只要抱有积极的情绪，相信大雨过后天更蓝，船到桥头自然直。

任何时候都不要放弃希望

著名的英国文学家罗伯特·史蒂文森说过:"不论担子有多重,每个人都能支持到夜晚的来临;不论工作多么辛苦,每个人都能做完一天的工作,每个人都能很甜美、很有耐心、很可爱、很纯洁地活到太阳下山,这就是生命的真谛。"确实如此,唯有流着眼泪吞咽面包的人才能理解人生的真谛。因为苦难是孕育智慧的摇篮,它不仅能磨炼人的意志,而且能净化人的灵魂。如果没有那些坎坷和挫折,人绝不会有丰富的内心世界,也不会从中吸取经验。苦难能毁掉弱者,同样也能造就强者。

有些人一遇到挫折就灰心丧气、意志消沉,甚至用死来躲避厄运的打击。这是弱者的表现,可以说生比死更需要勇气。死只需要一时的勇气,生则需要一世的勇气。人的一生中都可能有消沉的时候,居里夫人曾两次想过自杀,奥斯特洛夫斯基也曾用手枪对准过自己的脑袋,但他们最终都以顽强的意志面对生活,并获得了巨大的成功。可见,一时的消沉并不可怕,可怕的是陷入消沉中不能自拔。

做一个生命的强者,就要在任何时候都不放弃希望,耐心等待转机来临的那一天。

从前,两军对峙,城市被围,情况危急。守城的将军派一名士兵去河对岸的另一座城市求援,假如救兵在明天中午赶不回来,这座城市就将沦陷。

整整两个时辰过去了,这名士兵才来到河边的渡口。平时渡口这里会有几只木船摆渡,但由于兵荒马乱,船夫全都避难去了。本来他可以游泳过去,但现在数九寒天,河水太冷,河面太宽,而敌人的追兵随时可能出现。

他的头发都快愁白了,假如过不了河,不仅自己会成为俘虏,整个城市也会落在敌人手里。万般无奈,他只得在河边静静地等待。这是一生中最难熬的一夜,他觉得自己都快要冻死了。他感到四面楚歌、走投无路了。自己不是冻死,就是饿死,要么就是落在敌人手里被杀死。更糟的是,到了夜里,刮起了北风,后来又下起了鹅毛大雪。他冻得瑟缩成一团,甚至连抱怨命运的力气都没有了。此时,他的心里只有一个念头:活下来!

他暗暗祈求:上天啊,求你再让我活一分钟,求你让我再活一分钟!也许他的祈求真的感动了上天,当他气息奄奄的时候,他看到东方渐渐发亮。等天亮时他惊奇地发现,那条阻挡他前进的大河上面,已经结了一层冰壳。他在河面上试着走了几步,发现冰冻得非常结实,他完全可以从上面走过去。

他欣喜若狂,从冰面上轻松地走过了河面。

因为没有放弃希望,所以这名士兵等到了转机,从而给自己等来了重生的机会。可见,事事没有绝路,只要我们不放弃希望，那么即使是再危难的处境，也可能绝处逢生。也只有坚持不放弃的人，才能够走向最终的胜利。

事实上，处在绝望境地的拼搏，最能激发人身体里的潜在力量。每个人都是凤凰，但是只有经过命运烈火的煎熬和痛苦的考验，才能浴火重生，并在重生中得以升华。只有心中充满了胜利的希望，才不会被任何艰难困苦所打倒。

别让精神先于身躯垮下去

当我们面对挫折和困难时，逃避和消沉情绪是解决不了问题的，唯有以积极的心态去迎接，问题才有可能最终被解决。积极乐观的人每天都拥有一个全新的太阳，奋发向上，并能从生活中不断汲取前进的动力。当我们处于困境时，只要我们保持昂扬的精神，奋力拼搏，终将迎来阳光明媚的春天。

遗憾的是，很多时候我们的精神先于身躯垮下去了。

人在任何时候都不应该放弃信念和希望，信念和希望是生命的维系。只要一息尚存，就要追求，就要奋斗。其实，大自然始终在启迪着人们——在春花秋叶舞蹈般潇洒的飘落里，蕴涵着信念和希望；巨大岩石的裂缝中钻出的小草，昭示着信念和希望；不断被山风修改着形象的悬崖边的苍松展示着信念和希望。在任何时候，无论处在怎样的境遇，都不要放弃希望和信念。如果你的心灵已太久不曾有过渴望的涌动,请你轻轻地将它激活,让它焕发健康的亮色。下面,我们一起看一则关于信念的故事。

一场突然而至的沙尘暴,让一位独自穿行大漠者迷失了方向,更可怕的是连装干粮和水的背包都不见了。翻遍所有的衣袋,他只找到一个泛青的苹果。

"哦,我还有一个苹果。"他惊喜地喊道。

他攥着那个苹果,深一脚浅一脚地在大漠里寻找着出路。整整一个昼夜过去了,他仍未走出空阔的大漠。饥饿、干渴、疲惫一齐涌上来。望着茫茫无际的沙海,有好几次他都觉得自己快要支撑不住了,可是他看了一眼手里的苹果,抿了抿干裂的嘴唇,陡然又添了些许力量。

顶着炎炎烈日,他又继续艰难地跋涉。三天以后,他终于走出了大漠。那个他始终未曾咬过的青苹果,已干巴得不成样子,他还宝贝似的擎在手中,久久地凝视着。

在人生的旅途中,我们常常会遭遇各种挫折和失败,会身陷某些意想不到的情绪困境之中。这时,不要轻易地说自己什么都没有了,其实只要心灵不熄灭信念的圣火,努力地去寻找,总会找到能渡过难关的那"一个苹果"。攥紧信念的"苹果",就没有穿不过的风雨、涉不过的险途。所以,无论面对怎样的环境,面对多大的困难,都不能放弃自己的

信念，放弃对生活的热爱。因为很多时候，打败自己的不是外部环境，而是你自己的情绪。

在不如意的人生中好好活着

有人说，人的一生之中只有三件事，一件是"自己的事"，另一件是"别人的事"，还有一件是"老天爷的事"。今天处于何种情绪状态，开不开心，难不难过，皆由自己决定；别人有了难题，他人故意刁难，对你的好心施以恶言，别人主导的事与自己无关；天气如何，狂风暴雨，山石崩塌，人力所不能及的事，只能是"谋事在人，成事在天"，过于烦恼，也是于事无补。

人屈服于自己的情绪之下，只是因为，人总是忘了自己的事，爱管别人的事，担心老天的事。所以要轻松自在很简单：打理好"自己的事"，不去管"别人的事"，不操心"老天爷的事"。

大热天，院子里的花被晒枯萎了。"天哪，快浇点水吧！"徒弟喊着，接着去提来了一桶水。"别急！"智者说，"现在太阳晒得很，一冷一热，非死不可，等晚一点再浇。"

傍晚，那盆花已经成了"霉干菜"的样子。"不早浇……"徒弟见状，咕咕哝哝地说，"一定已经干死了，怎么浇也活不了了。"

"浇吧！"智者指示。水浇下去，没多久，已经垂下去的花，居然全站了起来，而且生机盎然。

"天哪！"徒弟喊，"它们可真厉害，憋在那儿，撑着不死。"

智者纠正："不是撑着不死，是好好活着。"

"这有什么不同呢？"徒弟低着头，十分不解。

"当然不同。"智者拍拍徒弟，"我问你，我今年八十多了，我是撑着不死，还是好好活着？"

徒弟低下头沉思起来。

晚课结束，智者把徒弟叫到面前问："怎么样？想通了吗？"

"没有。"徒弟还低着头。

智者严肃地说："一天到晚怕死的人，是撑着不死；每天都向前看的人，是好好活着。得一天寿命，就要好好过一天。"

对于院子里的花来说，"没浇水"虽然很不如意，但那是人们的事；"好好生长"才是它自己的事。这盆拥有积极情绪的花，得一天寿命，便好好过一天，真正理解了生命的意义。

哀莫大于心死，撑着活其实就是已经心死。如果生活在这个世上时都没有领悟何为真生命，还能指望他能死后有全新的生命吗？

生活在我们周围的人，包括我们自己，在遇到不如意的事情时，都会为自己的过错而痛悔。但人非圣贤，孰能无过？因此不要一有过错，就终日沉浸在无尽的自责、哀怨、痛苦之中。

其实生活就是一件艺术品，每个人都有自己认为最美的一笔,每个人也都有自己认为不尽如人意的一笔,关键在于你怎样看待,有烦恼的人生才是最真实的人生,同样,能认真对待你眼前的各种纷扰的人生也是最真实的人生。

记着每天给自己一个希望

每天给自己一个希望,就是给自己一个目标,给自己一点信心。生命是有限的,但希望是无限的,只要我们不忘每天给自己一个希望,我们就一定能够拥有一个丰富多彩的人生。

珍惜每一个属于自己的日子,不在今天后悔昨天,不在今天挥霍明天。走好每一步,过好每一天。每天,都让自己有一个全新的开始,给自己一个崭新的希望,并努力去实现。

因为有希望就会有期待,当我们养成一个习惯,每天期待一件惊喜的事发生,那么我们的期待,就没有一天会落空。也就是说,我们期待得愈多,得到的意外喜悦就愈多。如果一个人心中每天都装满了希望,那么他还有什么理由去叹息,去悲哀,去烦恼?

居里夫人曾经说过:"我的最高原则是:不论遇到什么困难,都绝不屈服。"生活中时常会出现不顺的境遇,记住,在任何时候,都不要放弃希望。即使再困难的境况,也要坚持,让希望常驻心间,最终你会迎来雨过天晴的那一天。

绝不能放弃希望,不但如此,还要每天都给自己一个新的希望。只有希望不断，你才能拥有源源不断的力量，才能追求到更美好的明天。

在这个世界上，有许多事情是我们难以预料的，但我们并不要因此而陷入绝望。我们不能控制际遇，却可以掌握自己；我们无法预知未来，却可以把握现在；我们不知道自己的生命到底有多长，却可以安排当下的生活；我们左右不了变化无常的天气，却可以调整自己的心情。只要活着，就有希望。

派吉的《只为今天》，能够对我们有所启迪。

只为今天，我要很快乐。

只为今天，我要让自己适应一切，而不去试着调整一切来适应我的欲望。

只为今天，我要爱护我的身体。

只为今天，我要加强我的思想。

只为今天，我要用三件事来锻炼我的灵魂：我要为别人做一件好事；我还要做两件我并不想做的事，只是为了锻炼。

只为今天，我要做个讨人欢喜的人，外表要尽量修饰，衣着要尽量得体，说话低声，行动优雅，丝毫不在乎别人的毁誉。

只为今天，我要试着只考虑怎么度过今天，而不把我一生的问题都在一次解决。因为，我虽能连续十二个钟点做一件事，但若要我一辈子都这样做下去的话，那就会吓坏了我。

只为今天，我要订下一个计划，我要写下每个钟点的计划。

只为今天，我心中毫无惧怕，只用微笑面对一切。

第十章 善待他人胸怀更开阔——学会宽容

及时原谅别人的错误

2009年12月16日，NBA常规赛，新泽西篮网的后卫德文·哈里斯在客场以89∶99的比赛中，因被奥尼尔抢断之后情绪失控，在骑士队球员穆恩上篮的时候将其一把搂住脖子拉下，险些造成其生命危险。然而赛后接受采访的穆恩向媒体表示："我想他应该不是故意的，他很可能是冲着球去，但是恰恰没碰到球而已。"

曾经因为对方的犯规行为差点失去生命的穆恩用一句"他不是故意的"，化解了彼此的尴尬。其实，很多时候别人得罪我们，也许并非出于本意，即使发生了冲突和矛盾，也往往是巧合，或者是情势所逼。

可见，建立积极的情绪，用心去宽容他人，信任他人，是对人性的肯定。要做到胸襟开阔，就要意识到人无完人，做到得理让人，宽容待人。

从前有一个农夫，因为一件小事和邻居争吵起来，争论得面红耳赤，谁也不肯让谁。最后，那人只好气呼呼地去找牧师，因为牧师是当地最有智慧、最公道的人，他肯定能断定谁是谁非。

"牧师，您来帮我们评评理吧！我那邻居简直不可理喻！他竟然……"农夫怒气冲冲，一见到牧师就开始了他的抱怨和指责。但当他正要大肆讲述邻居的过错时，被牧师打断了。

牧师说:"对不起,正巧我现在有事,麻烦你先回去,明天再说吧。"第二天一大早,农夫又愤愤不平地来了,不过,显然没有昨天那么生气了。

"今天您一定要帮我评个是非对错,那个人简直是……"他又开始数落起邻居的恶劣。

牧师不快不慢地说:"你的怒气还没有消退,等你心平气和后再说吧!正好我昨天的事情还没有办完。"

接下来的几天,农夫没有再来找牧师。有一天牧师在前往布道的路上遇到了他,他正在农地里忙碌着,心情显然平静了许多。

牧师问道:"现在你还需要我来评理吗?"说完,微笑地看着对方。

农夫羞愧地笑了笑,说:"我已经心平气和了!现在想来那也不是什么大事,不值得生那么大的气,只是给您添麻烦了。"

牧师仍然心平气和地说:"这就对了,我不急于和你说这件事情就是想给你思考的时间让你消消气啊!记住不要在生气时说话或行动。"

很多时候怒气会自然消退,稍稍耐心等待一下,事情就会悄悄过去。另一方面,这个故事也启示我们,得容人处且容人,出现矛

盾，不能钻牛角尖，要适当检讨自己，且有一分容人的雅量才好。

生活不同于战争，它没有战争那么残酷，时时都要面对生命的威胁。所以，在生活中的人，大多不会将对方逼到"不是你死就是我活"的地步。生活里的那些摩擦，通常都是不经意的。比如陌生人在地铁里挤到了你，同事因为不小心打碎了你的玻璃杯，朋友不经意地说了你不爱听的话……

世界上如果没有宽容和信任，一切亲情、友情、爱情都将失去存在的基础，每个角落都是尔虞我诈的欺骗，社会将毫无温情可言。当然，人非圣贤，要去爱我们的敌人也许真的有点强人所难，但出于自身的健康与幸福，学习宽恕敌人，甚至忘记所有的仇恨，也可以算是一种明智之举。

气量大一点，生活才祥和

生活中，有的人能活得轻松快乐，而有的人却活得沉重压抑。究其原因，无非是因为前者情绪稳定而且有包容一切的气量；后者之所以感觉负担沉重，是因为度量太小，计较太多，总是沉浸在不安的情绪里。

事实上，任何人都不是完美无缺的，世界上不存在绝对完美的人，我们不论与谁交往，都不可能要求对方事事都能做到让我们满意的程度。气量小的人，往往不能容忍比自己优秀的人，也容忍不了和自己存在分歧的人。其实细细品味人生哲理，就会明白看似困难的事情也很容易解决，"以柔和驱赶仇恨"，这是布朗告诉我们的方式，这其实就是要求我们要有宽厚待人的气量。

林肯是美国历史上一位颇有建树的总统，他在任期内完成了数项足以影响美国乃至世界的丰功伟绩。他的身上具备显著的优秀品质，坚韧、智慧、低调等，他的宽容品质也颇受世人的称赞。曾经发生过这样一件事。

林肯在任时期，一次他下令调动一些军队参与作战。命令下达之后，却受到了当时任作战部部长的史丹顿的阻挠，他拒绝执行林肯的此项命令，犯下了军队的大忌，还发牢骚表示对林肯此项命令的不满、讽刺、嘲笑，甚至口不择言地说道："作为总统下达这种愚蠢的命令，他就是一个该杀的傻瓜。"

这件事很快被林肯得知。大家都在想，这次史丹顿对总统如此不敬，公开表示他的不满、怨恨，林肯一定不会放过史丹顿的。然而，林肯本人对这件事的态度非常出乎人们的意料。他没有恼羞成怒，而是静下心来检讨自己的命令是否妥当。他马上亲自找到史丹顿，征求他的意见。史丹顿丝毫不留情面地指出了此项命令的不当之处。林肯经过深思熟虑之后，最终认为自己的方案的确存在很大的问题，于是收回了命令。

面对部下的阻挠，林肯并没有震怒，而是用一种温和的态度处理这件事，这正说明，越是位高权重的人，越应该尊重和采纳他人的意见，正所谓"得民心者得天下"，林肯总统得到了人们的拥戴和肯定，这都要得益于他的宽容大度，在他的领导下，整个美国才得以欣欣向荣地稳定发展。

小肚鸡肠的人，眼中的生活是灰色的，他们无时无刻不在算计着、不在担忧着；反之，心胸宽广的人，眼中的生活是彩色的，失去对他们来说是微不足道的，凡事不会时时刻刻抓在手中，他们懂得放下。身临其境地想一下，当把一切得失荣辱都视作浮云一朵的时候，生活不就变得轻松自如了吗？如果这只需要大一点的气量就可以办到，那何乐而不为呢？

人生的道路漫长而坎坷，在充满了艰辛的同时，也孕育着希望。我们活着，不要总是去抱怨自己生不逢时，不要总是抱怨没有结交到优秀的人。而是要对人多一分包容、多一分理解。能够让自己有气量去结交不同的人。气量和容人，犹如器之容水，器量大则容水多，器量小则容水少，器漏则上注而下逝，无器者则有水而不容。气量大的人，容人之量、容物之量也大，能和不同性格、不同脾气的人们融洽相处。能兼容并蓄，能接受别人的批评，也能忍辱负重，经得起误会和委屈。这样就能以轻松自如的心态来面对纷繁复杂的人间百态，让我们摆脱不满、愤恨的情绪，生活会变得简单，变得祥和。

原谅生活，是为了更好地生活

也许，你曾经遭受过别人对你的恶意诽谤或沉重的伤害，这些伤痛在你的心底一直没有得到抚平，你可能至今还在怨恨他，不能原谅他。然而，怨恨更多地伤害了怨恨者自己，而不是被怨恨的人。怨恨像一个不断长大的肿瘤，让我们每天生活在焦虑之中，使我们失去欢笑，损害我们的健康。

为了让我们更好地生活，杜绝怨恨情绪，最好的办法就是学会宽容。宽容是心与心的交融，无语胜有声；宽容是仁人的虔诚，是智者的宁静。

对别人宽容，恰恰是对自己的宽容。如果一个人不能够经受世界的考验，感受这个世界的美好，心胸只能容得下私利，那他只能生活在焦虑之中，丝毫没有幸福可言。

当你被焦虑折磨得筋疲力尽，沉浸在痛苦的回忆中时，不妨学着宽恕，忘记怨恨，告别过去的灰暗情绪。学会宽恕，就像在黑暗中燃起一支明烛。你会因为重新获得光明而变得积极乐观起来。

人，如果没有宽广的胸怀，便不可能有幸福的生活。宽容不是胆怯，不是妥协，它和放弃一样，是另一种明智和勇敢。宽容能够容纳万物，能够包含太虚。心旷为福之门，心狭为祸之根。心胸坦荡，不以世俗荣辱为念，不为世俗荣辱所累，就会活得轻松、潇洒、磊落。

莫将吃亏挂心头

每当碰上让我们吃亏的事,我们总会深深地陷入生气、懊恼的情绪中。俗话说:"好汉不吃眼前亏。"许多人都把"吃亏"看作一种非常愚蠢的行为,总是苦恼于担心自己"吃亏",总是害怕"便宜了别人"。

然而,很多时候,我们的判断都是错误的,一些"亏"只不过是事情的表象而已。有时,一件看似很吃亏的事,往往会变成非常有利的事。

清康熙年间,内阁大学士张英(张廷玉的父亲)收到一封家书。信上说他们家正打算修围墙,本来根据地契,墙可以一直修到邻居叶秀才家的墙根下,但是叶秀才不让,并且到官府里把张家给告了。家人非常生气,就给张英写了这封信,让

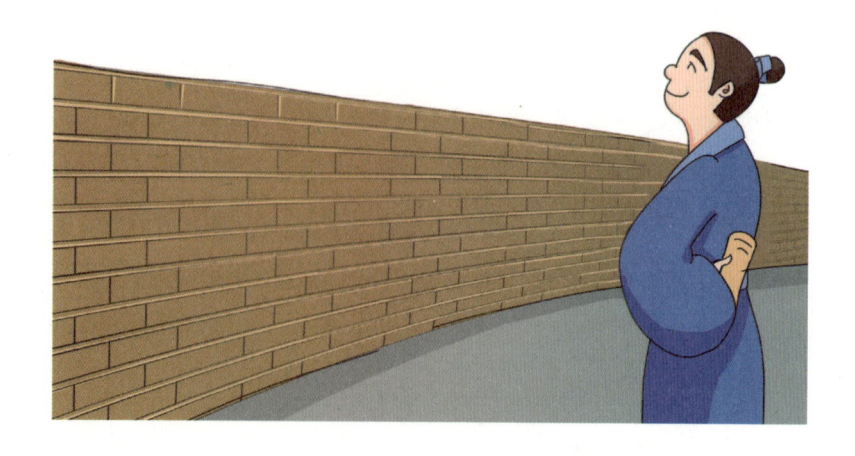

他处理这件事。家人很快就收到了回信，但上面只有一首诗："千里捎书只为墙，让他三尺又何妨？万里长城今犹在，不见当年秦始皇。"

张英的家人接到信后，明白了他的意思，马上就把墙拆了，并且后退三尺进行重建。叶秀才一看张家如此大度，也把自己家的墙拆了，后移了三尺。由于两家都退让了三尺，因此留出了一条长百余米，宽六尺的巷子，后被当地人赞誉为"六尺巷"。

本来根据地契约定，张家根本没有错，而张英又贵为大学士，并且父子二人同在朝中任要职，只要知会当地官府一声，叶秀才家肯定会妥协，而张家的权利和尊严也会得到保障。但是他没有这样做，而是选择了包容，宁愿自己吃亏，让了叶秀才三尺，而叶秀才觉得张英"宰相肚里能撑船"，不与自己计较，而自己本就理亏，感动之余也让了三尺，两家的关系也因此由剑拔弩张转为互相敬重、和睦相处。

在此我们可以想象一下，假如张英当时给当地官府打了个招呼，以他的权势，叶秀才肯定会被法办。不过，虽然他有理，但双方会为此结怨，张英会因为百姓对他滥用私权而议论纷纷，他也会惶惶不可终日，担忧这些话传到皇帝耳中，而叶秀才家会因吃了亏而心生怨恨，情绪也好不到哪里去。好在张英是一个宽宏大量的人，他主动使用了"宽容"这一润滑剂，不仅解决了双方有可能产生的情绪问题，还赢得了他人的敬重，并因这一小事而青史流芳，真可谓一举多得。

在生活和工作中，我们每个人都难免会遇到不如意的事情。如果因为一点小事就闷闷不乐，或发泄情绪，这不仅会影响自己、影响他人，可能还会招致更多的麻烦。所以，当我们在遇到不如意的事情时，一定要学会去适当地宽容他人，不要总觉得吃亏。如果过多地与人计较，总在为得失算计，当有利益的亏欠时，我们就会忍不住心中怒火，会伤害到自己的身心。真正的智者从不会狭隘到不能吃亏的地步，孔融把大梨让给别人，自己情愿吃小的，敢于吃亏，也不会产生情绪上的偏差。

忘记惹你生气的人

宽恕就是在有权力责罚时而不责罚，在有能力报复时而不报复。做人做事应当拥有这种宽恕的德行。

写过不少美妙的儿童故事的英国学者路易斯小时候常受凶恶的老师侮辱，心灵深受创伤。他几乎一生不能宽恕这位伤害过自己的老师，且又因为自己的怨恨而感到困扰。然而在他去世前不久，他写信告诉朋友道："两三个星期前，我忽然醒悟，终于宽恕了那位使我童年极不愉快的老师。多年来我一直努力做到这一点，每次以为自己已经做到，却发觉还需再努力一试。可是这次我觉得我的确做到了。"这真是大彻大悟啊！

真的，仇恨的习惯是难以破除的。和其他许多坏习惯一样，我们通常要把它粉碎很多次，才能最后把它完全消灭。伤害愈深，心理调整所需要的时间就愈长。可是终归会慢慢地把它消灭。

人们在受到伤害的时候，最容易产生两种不同的情绪：一种是憎恨，另一种是宽恕。

憎恨的情绪，使人一再地浸泡在痛苦的深渊里。如果憎恨的情绪持续在心里发酵，可能会使生活逐渐失去秩序，行为越来越极端，最后一发不可收拾。

而宽恕就不同了。宽恕必须随被伤害的事实从"怨怒伤痛"到"没什么"这样的情绪转折，最后认识到不宽恕的坏处，从而积极地去思考如何原谅对方。

有句老话说，不能生气的人是笨蛋，而不去生气的人才是聪明人。

这也是纽约前州长盖诺所推崇的。他被一份内幕小报攻击之后，又被一个疯子打了一枪，这让他几乎失去性命。当他躺在医院的时候，他说："每天晚上我都原谅所有的事情和每一个人，这样，我才会快乐。"

有一次，一个人问巴鲁曲——他曾经做过威尔逊、哈定、柯立芝、胡佛、罗斯福和杜鲁门六位总统的顾问——会不会因为他的敌人攻击他而难过。"没有一个人能够羞辱我或者困扰我，"他回答说，"我不让自己这样做。"

是的，没有人能够羞辱或困扰你——除非你让自己这样做。

棍子和石头也许能打断我们的骨头，可是言语永远也不能伤害我们，我们会生活得很快乐。忘记惹你生气的人，这样做才是明智的。

做到心胸开阔，便能风雨不惊

人与人之间由于利益的争夺往往会形成竞争的关系。也许你的竞争对手会以君子的风度与你正当竞争，也许你的竞争对手会对你恶意诽谤，总之，会有林林总总的竞争出现。对此，我们是该抱着愤怒与仇恨的情绪以牙还牙、睚眦必报，一旦有机会，落井下石，还是放下负面情绪，宽容对方，化解他人的敌意呢？

深邃的天空容忍了雷电风暴一时的肆虐，才有风和日丽；辽阔的大海容纳了惊涛骇浪一时的猖獗，才有浩渺无限。一事不顺便心存憎恨，耿耿于怀，心灵上栽满荆棘，思想上遮满云雾，就变得抑郁，忧虑。很明显，我们要选择做前者，做容纳万物的天空和海洋。

但是，换个角度去想你曾经恨之入骨的敌人，带给自己的也并非只有伤害。正是敌人的虎视眈眈，才让你斗志昂扬，努力提升自己，迎接挑战。在一定程度上，对手能激发你的潜能，提醒自己克服懈怠。如果一个人能从大处着眼，那么这恰恰是"心胸天地阔"、思想境界较高的表现。

诚然，人的一生中会遇到各种各样的困难和与人之间的摩擦，难免会因为误会而彼此伤害，但纷争并不是我们共同的使命，宽容才是我们唯一的信仰。放开胸怀，用宽容的心胸去接纳这个世界，幸福将会不期而至。做到了心胸开阔，方能心态平和，心如止水；做到了恬然自得，方能达观进取，笑看风云。

一位名叫卡尔的卖砖商人，由于与另一位对手的竞争而陷入困境。对方在他的经销区域内定期走访建筑师与承包商，告诉他们卡尔的公司不可靠，他的砖块不好，生意也面临歇业。卡尔对别人解释他并不认为对手会严重伤害到他的生意。但是这件麻烦事使他心中生出无名之火，真想"用一块砖来敲碎那人肥胖的脑袋作为发泄"。

"有一个星期天早晨，"卡尔说，"牧师布道时的主题是：要施恩给那些故意为难你的人。我把每一个字都记在心里。就在上个星期五，我的竞争者使我失去了一份25万块砖的订单。但是，牧师教我们要善待对手，而且他举了很多例子来证明他的理论。当天下午，我在安排下周日程表时，发现住在弗吉尼亚州的我的一位顾客，正因为盖一间办公大楼需要一批砖，而所指定的砖的型号不是我们公司制造供应的，却与我竞争对手出售的产品很类似。同时，我也确定那位满嘴胡言的竞争者完全不知道有这笔生意机会。"

这使卡尔感到为难，是遵从牧师的忠告，告诉对手这项生意，还是按自己的意思去做，让对方永远也得不到这笔生意呢？

卡尔的内心挣扎了一段时间，牧师的忠告一直在他心中回响。最后，也许是因为很想证实牧师是错的，他拿起电话拨到竞争对手家里。接电话的人正是那个对手本人，当时他拿着电话，难堪得一句话也说不出来。卡尔还是礼貌地直接告诉他有关弗吉尼亚州的那笔生意。结果，那个对手很感激卡尔。

卡尔说："我得到了惊人的结果，他不但停止散布有关我的谎言，而且把他无法处理的一些生意转给我做。"

因为卡尔懂得包容，所以他没有把那股无名之火发出来，否则他将会酿成无法挽回的错误。

我们要懂得心胸开阔对于情绪健康的重要意义。心是我们自己的，心境不同，随之产生的情绪也就不同，焦躁疑虑的人看到的是毫无生命光泽的枯草，志定心安的人却能静看云卷云舒。很多时候，情绪的改变和外界无关，只是由于自身心境的变迁，"心中有快乐，所见皆快乐"，若以宁静而无杂念的心去看世界，虽然它并没有变样，我们却能享受到那份平淡中的永恒。这时我们再回头站在局外观看短短几十年的人生，会发现它只是宇宙的一次呼吸而已，那些凡尘琐事如过眼云烟般不值一提，有如此豁达的心境为伴，看问题便高人一等，因此会减少很多不必要的情绪问题。

能够宽容待人，宽怀处世，不但需要广阔的胸襟，而且需要拥抱的勇气。当然,给别人以宽容的时候自己也可以获得一份宽慰和解脱;毕竟,没有结扣的心是无比舒畅的。能够化解彼此间的矛盾和误会,对于施者和受者都是精神上的一次放松。甚至一个小小的拥抱也可以为你赢得人心,赢得尊重。

豁达是衡量风度的标尺

在生活中,常常会见到这样一类人:他们受到一点委屈便斤斤计较、耿耿于怀;听到别人的批评就接受不了,甚至痛哭流涕;对学习、生活中一点小失误就认为是莫大的失败、挫折,长时间寝食难安;人际交往面狭窄,只同与自己意见一致或不超过自己的人交往,容不下那些与自己意见有分歧或比自己强的人……这些人就是典型的狭隘型性格的人。

比尔·盖茨曾说过:"没有豁达就没有宽容。无论你取得多大的成功,无论你爬过多高的山,无论你有多少闲暇,无论你有多少美好的目标,没有宽容心,你仍然会遭受内心的痛苦。世界上最大的是海洋,比海洋更大的是天空,比天空更大的是人的胸怀。"

豁达的度量,从根本上说是来自一个人宽广的胸怀。一个人倘若没有远大的生活理想和目标,其心胸必然狭窄,就像马克思所形容的那样:愚蠢庸俗、斤斤计较、贪图私利的人,总是看到自以为吃亏的事情。眼睛只盯着自己的私利，根本不可能有豁达、宽容的胸怀和度量。"心底无私天地宽"，只有从个人私利的小圈子中走出来，心里经常装着更远、更大目标的人，才能具备宽广的胸怀，领略到海阔天空的精神境界。

唐玄宗开元年间有位梦窗禅师，他德高望重，是当朝国师。

有一次他搭船渡河，渡船刚要离岸，从远处来了一位骑马佩刀的大将军，大声喊道："等一等，等一等，载我过去！"他一边说一边把马拴在岸边，拿了鞭子朝水边走来。

船上的人纷纷说道："船已开行，不能回头了，干脆让他等下一班吧！"船夫也大声回答他："请等下一班吧！"将军急得在水边团团转。

这时坐在船头的梦窗禅师对船夫说道："船家，这船离岸还没有多远，你就行个方便，掉过船头载他过河吧！"船夫看到是一位气度不凡的出家师父开口求情，就把船撑了回去，让那位将军上了船。

将军上船以后四处寻找座位，无奈座位已满，这时他看见坐在船头的梦窗禅师，于是拿起鞭子就打，嘴里还粗野地骂道："老和尚！走开点，快把座位让给我！难道你没看见本大爷上船？"没想到这一鞭子正好打在梦窗禅师头上，鲜血顺着脸颊流了下来，禅师一言不发地把座位让给了那位蛮横的将军。

这一切，大家都看在眼里，心里既害怕将军的蛮横，又为禅师的遭遇感到不平，纷纷窃窃私语：将军真是忘恩负义，禅师请求船夫回去载他，他不但抢禅师的位子，还打了他。将军从大家的议论中，似乎明白了什么。他心里非常惭愧，不免心生悔意，但身为将军放不下面子，不好意思认错。

不一会儿，船到了对岸，大家都下了船。梦窗禅师默默地走到水边，慢慢地洗掉了脸上的血污。那位将军再也忍受不住良心的谴责，上前跪在禅师面前忏悔道："禅师，我……真对不起！"梦窗禅师心平气和地对他说："不要紧，出门在外难免心情不好。"

这是对人生的一种豁达，如果，梦窗禅师没有一颗豁达的心，只想着自己被别人侵犯了，他随即就会产生愤怒情绪。可是在他包容心的驱使下，生活中可能发生冲突和争执也变得云淡风轻，同时他也感染了那位将军，让他的情绪也归于平静。

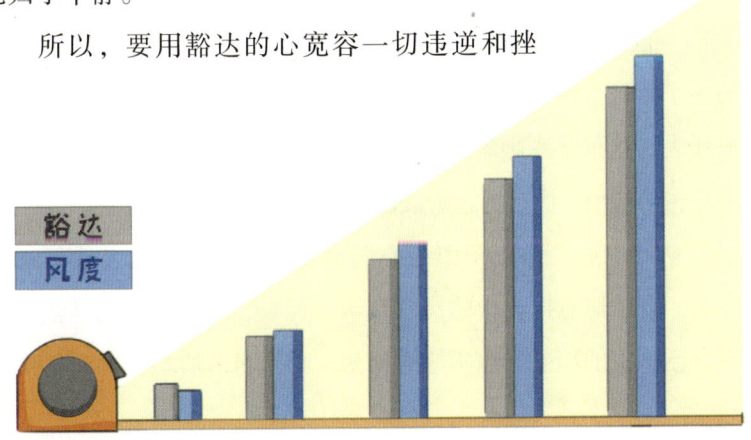

所以，要用豁达的心宽容一切违逆和挫

折,也要以豁达的心去理解他人的误会和偏见。只有你真正明白了这些,才会促使自己成功,才会明白使自己变得机智勇敢、豁达大度的,不是顺境,而是那些常常让自己陷入困境的打击、挫折。陶渊明说:俯仰终宇宙,不乐复何如?一个睿智之人是不会抱着忧虑而愁眉不展的。无论生活在什么环境下,都要豁达乐观地生活。

原谅别人,其实就是放过自己

我们每个人可能都遭受过别人带给我们的伤害,我们也会做出各种各样的反应。但是不管反应有多小,这腔怒火也会烧到我们自己,对我们造成伤害。与其在耿耿于怀中让自己失去原本平和的生活,不如原谅别人。原谅别人,也就是熄灭自己的心中之火,抚平自己的情绪伤痕。

一位画家在集市上卖画,不远处,前呼后拥地走来一位大臣的孩子,这个孩子的父亲在年轻时曾经把画家的父亲欺诈得心碎而死去。这孩子在画家的作品前流连忘返,并且选中了一幅,画家却匆匆地用一块布把它遮盖住,声称这幅画不卖。

从此以后,这孩子因为心病而变得憔悴,最后,他父亲出面了,表示愿意出高价购买那幅画。可是,画家宁愿把这幅画挂在自己画室的墙上,也不愿意出售。他阴沉着脸坐在画前,自言自语地说："这就是我的报复。"

每天早晨，画家都要画一幅他信奉的神像，这是他表示信仰的唯一方式。

可是现在，他觉得这些神像与他以前画的神像日渐相异。

这使他苦恼不已，他不停地找原因。然而有一天，他惊恐地丢下手中的画，跳了起来：他刚画好的神像的眼睛，竟然像那个大臣的眼睛，而嘴唇也酷似。

他把画撕碎，并且高喊："我的报复已经回报到我的头上来了！"

可见，报复会把人驱向疯狂的边缘，使你的心灵不能得到片刻安静。当你无法忘记心中的怨恨，总是想着去报复时，最终受伤害的不仅仅是对方，对你造成的伤害也许更大。

由此可见，原谅不但是宽恕别人，更是宽恕自己。唯有学着宽恕，忘记怨恨，才能抚慰你暴躁的心绪，弥补不幸对你的伤害，让你不再纠缠于心灵毒蛇的咬噬，从而获得心灵的自由。

要学会宽容，起码要做到两条。

首先，你要看到，自己也有很多的缺点，自己也有做错事的时候，自己本身并不是一个完人；而你原来认为不好的人，也有一些你没有的优点。所以，要学会看到自己的缺点，看到别人的优点。考虑问题时要试着从对方的角度出发，以求大同、存小异，这样你才能够善待他人，也善待自己。

其次，你得承认，自己也曾得到别人的宽容，自己也需要别人的宽容。这样一想,我们还有什么不能宽容的呢?

宽容别人的同时,自己也就把怨恨或嫉恨从心中排解掉了,也才会怀着平和与喜悦的心情看待任何人和任何事,会带着愉快的心情生活。所以,在生活的磨难中逐步学会宽容,能原谅他人的人,心里的苦和恨比较少;或者说,心胸比较宽阔的人,就容易宽容他人。

第十一章

学会给自己热烈鼓掌——增强自信

激发自己的潜能

面对困难,很多时候,我们往往不知所措,事实上,我们并不是输给了困难,而是输给了我们自己,因为我们常常低估了自己的能力。其实,我们比自己想象中的更优秀,只是我们还没有发现而已。

常听很多人说:"命运都由天注定,我再努力也没有用。"真是这样的吗?

美国知名学者奥图博士说:"人脑好像是一个沉睡的巨人,我们只用了不到1%的脑力。"一个正常的大脑记忆容量大约有6亿本书的知识总量,相当于一部大型电脑储存量的120万倍。如果人类发挥其一小半潜能,就可以轻易学会40种语言,记忆整套百科全书,获得12个博士学位。

根据研究,即使世界上记忆力最好的人,其大脑的使用也没有达到其功能的1%。人类的知识与智慧,迄今仍是"低度开发"。人的大脑是个无尽的宝藏,只要我们努力去挖掘,努力运用潜意识的力量,成功会比想象的更快、更轻松。

1796年的一天,德国哥廷根大学,一个很有数学天赋的19岁青年吃完晚饭,开始做导师单独布置给他的每天例行的三道数学题。前两道题他在两小时内就顺利完成了。然而第三道要求只能用圆规和直尺就画出一个正17边形的题竟然毫无进展。

困难反而激起了他的斗志：我一定要把它做出来！他拿起圆规和直尺，一边思索一边在纸上画着，尝试着用一些超常规的思路去寻求答案。当窗口露出曙光时，青年长舒了一口气，他终于完成了这道难题。

见到导师时，他说："您给我布置的第三道题，我竟然做了整整一个通宵。"导师接过学生的作业一看，当即惊呆了。他用颤抖的声音对青年说："这是你自己做出来的吗？"青年有些疑惑地看着导师，回答道："是我做的。"导师请他坐下，取出圆规和直尺，在书桌上铺开纸，让他当着自己的面再做出一个正17边形。

青年很快就做出了一个正17边形。导师激动地对他说："你知不知道，你解开了一桩有两千多年历史的数学悬案！阿基米德没有解决，牛顿也没有解决，而你竟然一个晚上就解出来

了，你是一个真正的天才！"

这个青年就是数学王子高斯。

当高斯不知道这是一道有两千多年历史的数学难题，仅仅把它当作一般的数学难题时，只用了一个晚上就解出了它。高斯的确是天才，但如果他在做题前被告知那是一道连阿基米德和牛顿都没有解开的难题时，结果可能是另一番情景。生活中，有很多困难时时困扰着我们的成长，一些问题之所以没有能够解决，也许并不是因为问题难度大，而是我们把它想象得太复杂了，不敢去面对它。学会告诉自己："你比你想象的更优秀。"

那么，该怎样去开发自己的潜能呢？以下提供些具体方法。

1.自我暗示的成功心法

想要成功的你，要每天不辍地在心中念诵自励的暗示宣言，并牢记成功心法：你要有强烈的成功欲望、无坚不摧的自信心。如果你使精神与行动一致的话，一种神奇的宇宙力量将会替你打开宝库之门。

2.写下并念诵你的目标

每天两次念诵你的目标：一次在刚醒来的时候，一次在临睡之前——这两段时间是你潜意识活动比较弱，最容易与潜意识沟通的时段。

注意：在念诵的时候，要贯注感情，并且想象你已取得你想得到的成功。

就算是机械式的自我暗示也有效。当然，越能够注入感情，收效就越好。

3.挖掘自身的无穷力量

拿破仑·希尔曾经说过："抱着微小希望，只能产生微小的结果，这就是人生。"

我们的能力都深深地埋藏在体内，若能把它发掘出来，并使它发展下去，我们就会有惊人的成就，不可能的事也会陆续变成可能，但这要看这个人是否选择了自己应该走的路。杜拉因说："任何人都可以爬升到自己理想的天国，同时，当他选择要爬上去时，世界的力量就会帮助他，一直把他推上去。"

我们有了某种决心，并且对自己充满信心，那么各方面的资源都会协调运转起来，把人推向成功的方向。

4.构想成功后的自我

伟大的人生源自你心里的想象，即你希望做什么事，希望成为什么人。在你心里的远方，应该稳定地放置一幅画像，然后向前移动并与之吻合。如果你替自己画一幅失败的画像，那么，你必将远离胜利；相反，替自己画一幅获胜的画像，你与成功即可不期而遇。

生命蕴藏着巨大的潜能，生命永远不会贬值。爱迪生说："如果我们能做出所有能做的事情，我们毫无疑问地会使自己大吃一惊。"

对自己的生命拥有热爱之情，对自己的潜能抱着肯定的态度，这样，生命就会爆发出前所未有的能量，创造令人惊奇的成绩。

像英雄一样昂首挺胸

自信是一种心境，自信的人不会在压力面前放弃自我。

生活中，自卑常常在不经意间闯进我们的内心世界，控制着我们的生活。在我们有所决定、有所取舍的时候，自卑向我们勒索着勇气与胆略；当我们碰到困难的时候，自卑会站在我们的背后大声地吓唬我们；当我们要大踏步向前迈进的时候，自卑会拉住我们的衣袖，告诉我们前面危机重重，仅凭一己之力根本无法应对……自卑就像蛀虫一样啃噬着我们的人格，它是我们走向成功的绊脚石，它是快乐生活的拦路虎。所以，我们不能一直活在自卑的阴影中，恢复你的自信，你也可以像世界名模一样昂首挺胸。

他是英国一位年轻的建筑设计师，很幸运地被邀请参加了温泽市政府大厅的设计。他运用工程力学的知识，根据自己的经验，很巧妙地设计了只用一根柱子支撑大厅天顶的方案。一年后，市政府请权威人士进行验收时，对他设计的一根支柱提出了异议。他们认为，用一根柱子支撑天花板太危险了，要求他再多加几根柱子。年轻的设计师十分自信，并且通过详细的计算和列举相关实例加以说明，拒绝了工程验收专家们的建议。他说："只要用一根柱子便足以保证大厅的稳固。"

他的固执惹恼了市政官员，年轻的设计师险些因此被送上法庭。在万不得已的情况下，他只好在大厅四周增加了4根柱子。不过，这4根柱子全部都没有接触天花板，其间相隔了无法察觉的2毫米。

时光如梭，岁月更迭，一晃就是300年。

300年的时间里，市政官员换了一批又一批，市政府大厅坚固如初。直到20世纪后期，市政府准备修缮大厅的天顶时，才发现了这个秘密。

消息传出，世界各国的建筑师和游客慕名前来，观赏这几根神奇的柱子，并把这个市政大厅称作"嘲笑无知的建筑"。最为人们称奇的是这位建筑师当年刻在中央圆柱顶端的一行字：

自信和真理只需要一根支柱。

这位年轻的设计师就是克里斯托·莱伊恩，一个很陌生的名字。今天，能够找到有关他的资料实在微乎其微了，但在仅存的一点资料中，记录了他当时说过的一句话："我很自信。至少100年后，当你们面对这根柱子时，只能哑口无言，甚至瞠目结舌。我要说明的是，你们看到的不是什么奇迹，而是我对自信的一点坚持。"

一味地轻视自己，不敢相信自己的想法和决策的情绪一旦占据心头，就会腐蚀一个人的斗志，犹豫、忧郁、烦恼、焦虑也便纷至沓来。

我们每个人存在于这个世上，都是有价值的个体，如果将别人的价值观生硬地贴在自己身上，那么自己也就不再真实可爱了，反而会因为我们达不到别人的高度，而产生自卑情绪。每个人都是自己舞台上的明星，不用别人给你灯光，自信的力量可以让你光彩四射。

多做自己擅长的事

世界上没有两片完全相同的树叶，每个人的天赋也是不同的。和别人比，你或许在某些方面有些欠缺，但在其他方面你表现得更为突出。成功的关键不是克服缺点、弥补缺点，而是施展天赋、发扬长处。要想获得成就，就要擅长经营自己的强项。

美国盖洛普公司出了一本畅销书《现在，发掘你的优势》。盖洛普的研究人员发现：大部分人在成长过程中都试着"改变自己的缺点，希望把缺点变为优点"，但他们碰到了更多的困难和痛苦；而少数最快乐、最成功的人的秘诀是"加强自己的优点，并管理自己的缺点"。"管理自己的缺点"就是在不足的地方做得足够好，"加强自己的优点"就是把大部分精力花在自己感兴趣的事情上，从而获得成功。

一只小兔子被送进了动物学校，它最喜欢跑步课，并且总是得第一；它最不喜欢的是游泳课，一上游泳课它就非常痛苦。兔爸爸和兔妈妈要求小兔子什么都学，不允许它放弃任何一项课程。

小兔子只好每天垂头丧气地去学校上学，老师问它是不是在为游泳太差而烦恼，小兔子点点头。老师说，其实这个问题很好解决，你跑步是强项，但游泳是弱项。这样好了，你以后不用上游泳课了，可以专心练习跑步。小兔子听了非常高兴，它专门训练跑步，最后成为跑步冠军。

小兔子根本不是学游泳的料，即使再刻苦训练，它也无法成为游泳能手；相反，它专门训练跑步，结果成为跑步冠军。

假如一个人的性格天生内向，不善于表达，却要去学习演讲，这不仅是勉为其难，而且会浪费大量的时间和精力；假如一个人身材矮小，弹跳力也不好，却要去打篮球，结果，不仅造成

英雄无用武之地的局面，反而打击了自信心，一蹶不振。在漫漫的人生旅途中，没有人是弱者，只要找到自己的强项，就找到了通往成功的大门。

所谓的强项，并不是把每件事情都干得很好、样样精通，而是在某一方面特别出色。强项可以是一项技能、一种手艺、一门学问、一种特殊的能力或者只是直觉。你可以是鞋匠、修理工、厨师、木匠、裁缝，也可以是律师、广告设计人员、建筑师、作家、机械工程师、软件工程师、服装设计师、商务谈判高手、企业家或领导者，等等。

罗马不是一天建成的，我们想在某一方面拥有过人之处，就必须付出努力。我们要想拥有一口流利的英语，可能要错过无数次和朋友通宵KTV的机会；要想掌握一门技术，可能就要翻烂无数本专业书；要想成为游泳池中最抢眼的高手，就必须比别人多"喝"水……

人生的诀窍就在于经营好自己的长处，扬长避短，才能创造出人生的辉煌。若舍本逐末，用自己的弱项和别人的强项拼，失败的只能是自己。从这个角度来说，千万别轻视了自己的一技之长，尽管它可能并不高雅，却可能是你终生依赖的财富。

每个人都不是弱者，每个人都有实现自己梦想的可能，只要我们找准自己的最佳位置，努力经营自己的强项，并将这个专长发挥到极致，我们一定能成为某一领域的"王者"。

独立自主的人最可爱

自信情绪的产生源于善于驾驭自我命运的能力，这种人懂得生活的真谛，是最幸福的人，正像康德所说："我早已致力于我决心保持的东西，我将沿着自己的路走下去，什么也无法阻止我对它的追求。"最高的自立是追随自己的心灵，相信自己是正确的，不被任何人的评断所左右的精神上的自立。

世界上第一位女性打击乐独奏家伊芙琳·格兰妮说："从一开始我就决定：一定不要让其他人的观点消磨我成为一名音乐家的热情。"

她成长在苏格兰东北部的一个农场，从8岁时她就开始学习钢琴。随着年龄的增长，她对音乐的热情与日俱增。但不幸的是，她的听力在渐渐地下降，医生们断定是难以康复的神经损伤造成的，而且断定到12岁，她将彻底耳聋。可是，她对音乐的热爱却从未停止过。

她的目标是成为打击乐独奏家，虽然当时并没有这么一类音乐家。为了演奏，她学会用不同的方法"聆听"其他人演奏的音乐。她只穿着长袜演奏，这样她就能通过她的身体和想象感觉到每个音符的震动，她几乎用她所有的感官来感受着她的整个声音世界。她决心成为一名音乐家，于是她向伦敦著名的皇家音乐学院提出了申请。

因为以前从来没有一个聋学生提出过申请，所以一些老师反对接收她入学。但是她的演奏征服了所有的老师，她顺利地入了学，并在毕业时获得了学院的最高荣誉奖。

从那以后，她就致力于成为第一位专职的打击乐独奏家，并且为打击乐独奏谱写和改编了很多乐章，因为那时几乎没有专为打击乐而谱写的乐谱。

至今，她作为独奏家已经有十几年的时间了，因为她很早就下了决心，不会仅仅由于医生诊断她完全变聋而放弃追求，因为医生的诊断并不意味着她的热情和信心不会创造奇迹。

伊芙琳用行动告诉我们世界上没有做不到的事情，所有的成功都源自自信和独立这两种正面力量。正如有句话说："在这个世界上最坚强的人是孤独地、只靠自己站着的人。"这样的人即使濒临绝境，也依然能认清自己和世界，进而改变自己的所有弱点，超越自身和一切的痛苦，进入真正自主的世界。赤橙黄绿青蓝紫，谁都应该有自己的一片天地和特有的亮丽色彩。你应该果断地、毫不顾忌地向世人宣告并展示你的能力、你的风采、你的气度、你的才智。在生活的道路上，必须善于做出抉择，不要总是踩着别人的脚步走，不要总是听凭他人摆布，而要勇敢地驾驭自己的命运，做自己的主宰，做命运的主人。

人生之中，无论我们处于在他人看来如何卑微的境地，我们都不要用自暴自弃的情绪来面对生活和自己，只要渴望崛起的信念尚存，生命始终蕴藏着巨大的潜能。只要我们能坚定不移地笑对生活，对自己的生命拥有热爱之情，对自己的潜能抱着肯定的想法，这样，生命就会爆发出前所未有的能量，创造令人惊奇的成绩。

善于发现自己的优点

我们每个人都不会一无是处。人人都潜藏着独特的天赋，这种天赋就像金矿一样埋藏在看似平淡无奇的生命中。对于那些总是羡慕别人，认为自己一无是处的人，是挖掘不到自身的金矿的。

在人生的坐标系中，一个人如果站错了位置——用他自己的短处而不是长处来谋生的话，那是非常可怕的，他可能会在自卑和失意中沉沦。只有紧紧抓住自己的优点，并且加以利用，才有可能成功。

每个人都有自己的特长、优势，要学会欣赏自己、珍爱自己、为自己骄傲。没有必要因别人的出色而看轻自己，也许，你在羡慕别人的同时，自己也正被他人羡慕着。

每个人身上都有优点与缺点，但人们在羡慕别人的同时，却很容易忽略自身的优点。有些人对自己的缺点耿耿于怀，却不知道自己身上的优点。一片树叶总有一滴露水养着，人人都会有完全属于自己的一片天地。我们在拥有自己长处的同时，总会在某些方面不如别人。每个人活在世上，受各种因素影响，都会有各种不足的地方，如果因此而失去自己的人生定位及目标，无疑是可悲的。

有一个叫爱丽莎的美丽女孩，总是觉得自己没有人喜欢，总是担心自己嫁不出去。

一个周末的上午，这位痛苦的姑娘去找一位有名的心理学家，心理学家请爱丽莎坐下，跟她谈话，最后他对爱丽莎说："爱丽莎，我会有办法的，但你得按我说的去做。"他要爱丽莎去买一套新衣服，再去修整一下自己的头发，他要爱丽莎打扮得漂漂亮亮的，告诉她星期一他家有个晚会，他要请她来参加，并按着他的嘱咐来办。

星期一这天，爱丽莎衣衫合适、发式得体地来到晚会上。她按照心理学家的吩咐尽职尽责，一会儿和客人打招呼，一会儿帮客人端饮料，她在客人间穿梭不停，来回奔走，始终在帮助别人，完全忘记了自己。她眼神活泼，笑容可掬，成了晚会上的一道彩虹，晚会结束后，有三位男士自告奋勇要送她回家。

在随后的日子里，这三位男士热烈地追求着爱丽莎，她选中了其中一位，让他给自己戴上了订婚戒指。不久，在婚礼上，有人对这位心理学家说："你创造了奇迹。""不，"心理学家说，"是她自己为自己创造了奇迹。人不能总想着自己、怜惜自己，而应该想着别人、体恤别人，爱丽莎懂得了这个道理，所以变了。所有的女人都能拥有这个奇迹，只要你想，你就能让自己变得美丽。"

爱丽莎的幸福是她发现了自己原来也是一朵有魅力的玫瑰。每个人身上都有别人所没有的东西，都有比别人做得好的地方，这就是属于你自己的特长，这是你身上最值得肯定的地方。不要拿别人的长处来和自己的短处相比，这样会掩盖掉你身上闪光的亮点，压抑你向上发展的自信。要充分地肯定自己的长处，始终如一的肯定。

自然界有一种补偿原则，当你在某方面很有优势时，肯定在另一个方面有不足。而当你在某个方面拥有缺点时，可能又在另一个方面拥有优点。如果你想出类拔萃，就必须腾出时间和精力来把自己的强项磨砺得更加犀利。

高情商的人，在漫漫的人生旅途中，能找到自己的强项与优势，同样他们也就找到了通往成功的大门。那么，如果你是鱼，就跳进大海，在茫茫的大海里尽情畅游；如果你是鹰，就飞向蓝天，在广阔的天空里自由翱翔。

自信心训练

自信是走向健康的第一步，拥有自信的人更容易获得健康情绪，那么如何获得自信心呢？著名的成功学大师拿破仑·希尔曾提出通过自我暗示获得自信心的5个步骤。

（1）我要求自己为实现这项目标而持续不断地努力，我现在保证，一定立即采取行动。

（2）我明白，我意志中的主要思想最后将自行表现在外在的实际行动上，并逐步使它们变成事实。因此，我每天要花30分钟，集中思想，思考我要变成怎样的人，通过这样的思考在意志中创造出一个明确的心理影像。

（3）我知道，经由自我暗示的原则，我在意识中一再坚持的核心欲望，最终将以某种实际的方式实现。因此，我每天要花10分钟，暗示自己"我能达成心愿"。

（4）我已经清楚地写下一篇声明，描述我生活中主要的目标，我要不停地努力，直到我发现对实现这项目标充满自信为止。

（5）我充分了解，除非是建立在真理和正义之上，否则任何财富、地位都将无法天长地久，因此，我不会做出对所有人不利的行为。我将尽力争取其他人的合作，以获得成功。

因为我乐于替其他人服务，所以我将吸引其他人为我服务。我将消除憎恨、嫉妒、自私及怀疑，表现出对所有人的爱心，因为我知道对其他人抱着消极的态度，永远不会使我获得成功。我能使其他人相信我，因为我相信他们以及我自己，我将在这份声明上签上我的姓名，并下决心把它背诵下来，而且每天大声朗读一遍，并充分相信，它将逐渐影响我的思想与行动，使我成为一个自信而成功的人。

认真地反复读上面这些话，你就给了自己积极的情绪暗示。另外，心理学博士大卫·史华兹则从心理学的角度提出了建立自信心的5种方法。

1.挑最前面的位置坐

大部分占据后排座位的人，都希望自己不会"太醒目"，他们怕受人注目的原因就是缺乏信心。坐在前排能建立信心。把它当成一个规则试试看，从现在开始就尽量往前坐。当然坐前面会比较显眼，但要记住，有关成功的一切最终都是"显眼的"。

2.练习正视他人

一个人的眼神可以透露出许多信息。一个人不正视你的时候，你会直觉地问自己："他想要隐藏什么呢？他想对我不利吗？"不正视别人通常意味着："在你旁边我感到很自卑。我感到不如你。我怕你。"躲避别人的眼神也意味着："我有罪恶感。我做了或想了什么我不希望你知道的事，我接触你的眼神，你就会看穿我。"而正视别人等于告诉他："我很诚实，而且光明正大。我告诉你的话是真的，毫无心虚。"要让你的眼睛为你服务，也就是拥有专注别人的眼神。这不但能为你增加自信心，也能为你赢得别人的信任。

3.把你走路的速度加快25%

你若仔细观察就会发现，人类身体的动作是心灵活动的结果。那些遭受打击、被排斥的人,连走路都拖拖拉拉,很散漫。那些成功人士则表现出超凡的自信心,走起路来比一般人快,像在慢跑。他们的步伐告诉这个世界:"我要去一个重要的地方,去做很重要的事情。更重要的是,我会在15分钟内成功。"使用这种"走快25%"的方法,可助你建立自信心。抬头挺胸走快一点,你就会感到自信心的增长。

4.练习当众发言

在现实生活中有很多思路敏锐、天分较高的人,都无法发挥他们的长处参与讨论,并不是因为他们不想参与,而是他们缺少自信心。在会议中沉默寡言的人都认为:"我的意见可能没有价值,如果说出来,别人可能会觉得很愚蠢,我最好什么也不说,不让他们知道我是怎样的无知。"这些人时常会对自己许下很微妙的诺言:"等下次再发言。"可是他们很清楚这是无法实现的。当这些沉默寡言的人不主动发言时,就又中了一次自卑的

毒，这也使他们越来越丧失自信心。但是就积极面来看，如果尽量发言，就会增加自信心，下次会勇敢地发言，所以，要多发言，这是自信心的"维生素"。不论是参加什么性质的会议，每次都要主动发言，也许是评论，也许是建议或提问题，都不要有例外。而且，不要最后才发言，要做破冰船，第一个打破沉默，也不要担心你会显得很愚蠢，不会的，因为总会有人同意你的见解。

5.咧嘴大笑

大部分的人都知道笑能给自己带来动力，它是拯救自信心不足的人的良药。但是仍有一些人不相信这一套，因为他们在恐惧时，从不试着笑一下。做一下这个实验：在你遭受打击时，尝试着大笑，也许你会说做不到，但你可以找一些超级搞笑的电影或漫画来看。在看之前，你要先告诫自己将痛苦暂时放一下，一定要专注地看。当你随着搞笑情节的进展而哈哈大笑之后，你就会发现恐惧、忧虑和沮丧都不见了，而自信心在慢慢增加。

积极情绪的核心就是自信主动意识，或者称作积极的自我意识，而自信意识的来源和成果就是经常在心理上进行积极的自我暗示。

一个人的自信决定了他的能力、热情及自我激励的程度。一个拥有高度自信的人，一定会拥有强大的个人力量，他做任何一件事几乎都会成功。你对自己越自信，你就会越喜欢自己、接受自己、尊敬自己。

打造一颗超越自己的心

每天超越自己,哪怕超越一点点,你就能每天都有进步,你就能越来越接近成功。无法每天超越自己的人,通常成不了大事。只要相信自己,不论多么艰巨的任务,你必能完成。反过来说,如果对自己缺乏信心,即使是最简单的事,对你也是一座无力攀登的险峰。

每个人心中都沉睡着一个巨人,当你唤醒了他,他就能助你完成自己的人生理想,成为了不起的人物。很遗憾,大部分人还没有唤醒心中的巨人就已经离开了人世,这是一个巨大的悲哀。

什么样的人生才算是唤醒了自己心中的巨人呢?一定要实现历史巨人那样的丰功伟业才算是不枉此生吗?也不尽然。其实,将自己内心的巨人唤醒,可能源于一次意外事件的刺激,也可能是长期一点一滴的改变。今天比昨天好,现在比过去好,这就是超越。

1968年,在墨西哥奥运会的百米赛场上,美国选手海恩斯撞线后,激动地看着运动场上的计时牌。当指示器打出9.9秒的字样时,他摊开双手,自言自语地说了一句话。

后来,有一位叫戴维的记者在回放当年的赛场实况时再次看到海恩斯撞线的镜头,这是人类历史上第一次在百米赛道上突破10秒大关。看到自己破纪录的那一瞬,海恩斯一定说了一句不同凡响的话,但这一新闻点,竟被现场的四百多名记者疏忽了。因此,戴维决定采访海恩斯,问问他当时到底说了一句什么话。戴维很快找到海恩斯,问起当年的情景,海恩斯竟然毫无印象,甚至否认当时说过什么话。戴维说:"你确实说了,有录像带为证。"海恩斯看完戴维带去的录像带,笑了。他说:"难道你没听见吗?我说:'上帝啊,那扇门原来是虚掩的。'"谜底揭开后,戴维对海恩斯进行了深入采访。

自从欧文斯创造了10.3秒的成绩后,曾有一位医学家断言,人类的肌肉纤维所承载的运动极限,不会超过每秒10米。

海恩斯说:"30年来,这一说法在田径场上非常流行,我也以为这是真理。但是,我想,自己至少应该跑出10.1秒的成绩。每天,我以最快的速度跑5000米,我知道百米冠军不是在百米赛道上练出来的。所以我每天尽可能地跑得更快,尽可能地超越自己。当我在墨西哥奥运会上看到自己9.9秒的纪录后,惊呆了。原来,10秒这个门不是紧锁的,而是虚掩的,就像终点那根横着的绳子一样。"

后来,戴维撰写了一篇报道,填补了墨西哥奥运会留下的一个空白。不过,人们认为它的意义不限于此,海恩斯的那句话,为我们留下的启迪更为重要,因为只要推开那扇门,我们就超越了。

海恩斯之所以取得惊人的成绩，是因为他明白一个人只有战胜情绪问题，不断超越自我，才能全面发展自己。只要每一天都有超越自己的地方，或者是让自己的优点更加稳固，这样的成长都是值得期待的、充满希望的。但今天和昨天一个样，甚至不如昨天，这样的生活就会令人厌倦、感到无望之极。

成功的动力源于拥有一个不断超越的进取目标。人生就是一个不断超越的过程。

追求超越自我的人，每一分每一秒都活得很踏实，他们尽其所能享受、关心他人、做事并付出。除了工作和赚钱以外，他们的人生还有其他意义。若非如此，即使居高位，生活富裕，也会感到空虚、乏味，不知生活的乐趣究竟在哪里。

在成长的过程中，很多人因为遭受来自社会、家庭的议论、否定、批评和打击，奋发向上的热情会慢慢冷却，逐渐丧失了信心和勇气，对失败惶恐不安，变得懦弱、狭隘、自卑、孤僻、害怕承担责任、不思进取、不敢拼搏。事实上，他们不是输给了外界压力，而是输给了自己。很多时候，阻挡我们前进的不是别人，而是我们自己。

用笑容改善情绪气场

人与人第一次见面的时候，如果真诚地微笑，将会收到很好的效果，彼此留下美好的印象，此时"微笑"代表了"接纳、亲切"的意义。微笑能带给人很多正面的情绪反应，一张笑脸能给双方带来安心的感觉。也就是说，当人们发出一个微笑的表情，等于发出一个"我喜欢你""希望和你成为朋友"的亲切信息。

不要怀疑，微笑被认为是最具效率和感染力的交际语言，是人类特有的，也是最好的情绪传导方式。微笑不仅在人际交往中，而且在工作中也有着举足轻重的意义。

一家公司曾这样要求自己的员工：上班表情不佳，影响到部门其他员工工作情绪的每次扣罚10元。

这个规定看似有些荒诞，但有很大的正面效应。制定这样的制度，是源于总经理经常接到员工对部门经理表情僵硬的举报："某部门经理总是愁眉苦脸，员工情绪受到影响，工作积极性下降"；"部门开会的时候，由于部门经理表情僵硬眉头紧锁，导致几名员工在办公室门外不敢进入，严重影响会议效率"，等等。

为此总经理特意召开会议，传达了"老板不笑，员工烦恼"的新型理念。还做出新的规定要求公司中层领导以上的员工在工作中一定要保持良好的表情，让整个办公环境保持一种愉快的气氛。

开始，这个规定让人哭笑不得，但在有意识地关注这个问题后，问题很快得到了解决。不久，那些部门经理能明显感到微笑给自己带来的愉快心情。不仅如此，员工的情绪也变得饱满，提高了工作积极性。

看似荒诞的公司规定，却能带来如此良好的效果，微笑的作用确实不容忽视。关于笑容的奇妙作用曾有实验人员验证过：面对微笑的图片2分钟，诸如悲伤、痛苦等负面情绪会很快得到缓解和改善；反之，面对痛苦表情2分钟的人，情绪会受到暗示，之前快乐、激动等正面情绪会开始低落。除此以外，实验人员还发现，在所有的表情中，保持目光交流，并保持微笑的人最具有吸引力，如果是异性发出这样的表情，吸引力会更强。

微笑的人通常给人一种自信、乐观、潇洒的印象，容易赢得他人的认同，容易让人对其产生信任感。那么，如何微笑呢？

1. 分清场合和对象

微笑能够传递友好和信心，但毕竟是一种愉快、轻松的情绪，在有些场合并不适用。如参加追悼会或庄严的集会活动，或是大家在讨论严肃、不幸的话题时，就应避免微笑，此时微笑将招人厌恶。此外，面对不同的人，应当使用不同的微笑。

不同的微笑能传达不同的感情，主要区别体现在眼神上。面对长者应该报以尊重、真诚、谦逊的微笑；面对孩童应该报以关切的、慈爱的微笑；面对同辈的人可以轻松一些，根据场合报以不同的微笑。

但是无论面对的是谁，都要从内心发出微笑，这样的微笑才能充满自信，才能打动周围的人，传递出友善的信息。号称酒店帝国的希尔顿家族就将"今天你微笑了吗"作为座右铭，这是创始人希尔顿先生在创业过程中发现的一条黄金定律,不仅能吸引大量的顾客,而且简单易行,更重要的是不需要经济成本。由此看来,微笑真是人类世界创造的一个奇迹。

2.发自内心,自然而然

微笑是美好善意的窗口,只有发自内心的微笑才能直达对方心中,切记不要皮笑肉不笑,或为了笑而笑。人们对他人的笑容具有很强的甄别力,其中的真情假意、蕴含的深意只需一眼就可以敏锐地判断出来。

微笑的时候,请一定用真诚的眼神看着对方。这样的微笑才能把温暖和问候直接送到对方心中,使双方产生情感的互动,在愉快的交流中留下美好的回忆。

3.微笑的其他细节

微笑不仅向对方表示一种礼节和尊重,而且是自身修养和仪态的体现,但这并不意味着需要时时刻刻微笑。把握好"微笑"之"微"不仅体现在笑的幅度、持续时间,也体现在频率上。蒙娜丽莎的微笑之所以倾倒世界,就在于她的眼睛、嘴角、

整个面部都在酝酿一个美丽的微笑，含蓄、迷人、恰到好处。如果笑得夸张、没有节制，就会适得其反，收到相反的效果，引起对方的反感。当对方视线掠过的时候，可以迎着他的视线微笑并轻轻点头。

所以，想要给他人积极的情绪感染，不用花太多力气与心思就可以实现，一个小小的微笑就能唤起别人的好心情，还可以得到别人回报给我们一个微笑。生活中多一些这种互动，正面情绪也就不难产生。

多和快乐的人在一起

我们在阅读文学作品，或者欣赏艺术作品的时候，往往会有这样的审美经验：当你阅读一部文学作品，到动情的时候，或者心潮澎湃，或者潸然泪下；当你欣赏一幅描绘大自然背景的油画时，就可能瞬间感到天物我合一，感到你与大自然的一种契合，这正是情绪共鸣的作用。同样地，快乐也是如此，快乐也会引起人的情绪共鸣。

快乐是一种心境。得到快乐，与你住在多么高级的社区、有多么高薪的工作、有多少休闲时间、有多么显赫的头衔、有多少名牌衣服、有多么豪华的房车、有多少银行存款全然没有关系。罗马哲学家锡尼卡也指出："认为自己命运悲惨，就会过得凄风苦雨。"

懂得快乐的人,无论他们生活处境如何,总会发现值得感谢的事物。富兰克林说:"真正快乐的人,即使绕道而行,也懂得欣赏沿路风光。"这句话的意思就是:快乐的人即使遇到环境变迁,依然笑口常开。事实上,这种快乐是会传染的。这也就是为什么人们总是乐于同那些开朗乐观的人交往——因为他们也能从中得到快乐。

有一个国王,常为过去的错误而悔恨,为将来的前途而担忧,整日郁郁寡欢。于是,他派一位大臣四处寻找一个快乐的人,并把这个快乐的人带回王宫。这位大臣寻找了好几年,终于有一天,当他走进一个贫穷的村落时,听到一个快乐的人在放声歌唱。寻着歌声,他找到了正在田间犁地的农夫。

大臣问农夫:"你快乐吗?"农夫回答:"我没有一天不快乐。"

大臣喜出望外地把自己的使命和意图告诉了农夫。农夫不禁大笑起来,他又说道:"我曾因为没有鞋子而沮丧,直到有一天我在街上遇到了一个没脚的人。"

大臣把农夫带回王宫,国王发现一个连鞋子都没有的农夫都能如此快乐,而自己拥有强大的国家,有拥护他的大臣和子民,还有什么理由不快乐呢?于是他对前途充满希望,也变得快乐起来。

人生就像爬山登高,爬在中途的时候,不必往下看,也不要过多地往上看。因为你不大可能看清楚顶峰,何必要为看不清楚的未来费神费力,分散注意力呢?国王为过去的错误而悔恨,为未来担忧,总是活在痛苦中,但是因为他受到农夫的感染,联想到自己所拥有的,最终他也变得乐观了。

　　人的一生总会遇到各种各样的不幸,但快乐的人不会将这些装在心里,他们没有忧虑。快乐就是珍惜已拥有的一切,知足常乐。学会多与快乐的人交朋友,这样你就会被他们的快乐所感染。加利福尼亚大学曾经进行过一项研究,研究结果发表在《英国医学期刊》上,这份报告称,快乐可以传染,与快乐的人接触可提高个人的幸福感,"如果你认识的一个人快乐,你的快乐概率会提高15%。如果你朋友的朋友,或是配偶或兄弟姐妹的朋友快乐,你快乐的概率会增加10%。"因此,为了让自己更快乐,我们还是多与快乐的人接触吧。

　　一个人的快乐与否,与外在的环境有很大的关系,当你意识到这一点的时候,就应该主动去寻找快乐,去接触快乐,只有这样,你才能真正成为一个快乐的人。

第十二章

常存平平常常一颗心——享受平静

用"难得糊涂"增添生活美景

我们无论处于何时何地,都会遇到各种各样的人,都会与各种各样的人相处。在人际关系中,难免会出现磕磕碰碰,难免会发生矛盾。有人说:"只要是有人的地方,就会有争斗,就会有弱肉强食。"虽然这话有偏激,但不无道理。

你要与人和平相处,要拥有一个良好的人际关系网和前途,你就需要一本"糊涂经"。所谓糊涂经就是外表糊涂、内心清明的大智若愚,不用想太多,不用考虑后果,纠缠于思考是人生的负担、枷锁,别太看重结果,而重视过程。

"扬州八怪"之一的郑板桥,最为著名的言论莫过于"难得糊涂"四个字。

据说,"难得糊涂"四个字是他写在山东莱州的云峰山上的。有一年,郑板桥专程到此地观郑文公碑,流连忘返,天黑了,不得已借宿于山间茅屋。屋主为一鹤发老翁,自命"糊涂老人",出语不俗。他的室中陈列了一块方桌般大小的砚台,石质细腻,镂刻精良,非常罕见。郑板桥对其十分叹赏。老人请郑板桥题字以便刻于砚背。郑板桥认为老人必有来历,便题写了"难得糊涂"四字,用了"康熙秀才雍正举人乾隆进士"的方印。

因砚台尚有许多空白,郑板桥建议老先生写一段跋语。老人便写了:"得美石难,得顽石尤难,由美石而转入顽石更难。

美于中，顽于外，藏野人之庐，不入宝贵之门也。"他用了一块方印，印上的字是"院试第一，乡试第二，殿试第三"。郑板桥一看大惊，知道老人是一位隐退的官员。有感于糊涂老人的命名，见砚背上还有空隙，便也补写了一段话："聪明难，糊涂尤难，由聪明而转入糊涂更难。放一著，退一步，当下安心，非图后来报也。"

一段佳话，一段趣谈，成就了一种智慧——糊涂经。糊涂的人往往更快乐，幸福会追着他们走，他们不必费尽心机争取，却可以随意享受阳光的温暖。

太过理性的人则是追着幸福跑，用尽全力也抓不住飘忽不定、转瞬即逝的幸福。

可笑的追逐，就如无声的宣判，如终审不能上诉，人生有时就是这么无奈，没有选择的权利，只有顺从。

人们大多数处在痛苦之中，生命里充满矛盾与挣扎，在放与不放间徘徊、流连。

每跨出一步，意味着什么，得到什么或失去什么，人未动心已远，何止一个累字了得。

不要太过理性，糊涂一番又何妨？拿得起，放得下，朝前看，这样才能从琐事的纠缠中超脱出来。假如对生活中发生的每件事都寻根究底，去问一个为什么，这既无好处，又无必要，而且败坏了生活的诗意。

想参透这本"糊涂经"，就要懂得"吃亏是福"。

"难得糊涂"是心理环境免遭侵蚀的保护膜。在一些非原则性的问题上"糊涂"一下,无疑能增强心理承受力,避免不必要的精神痛楚和心理困惑。有了这层保护膜,会使你处乱不惊,遇烦不忧,以恬淡平和的心境对待各种事件。

"糊涂经"是一种平和超然的心态,是一种人生智慧的哲学。其实,生活中的很多事情并不是你善于计较就能够成为最大的受益者的,有时候揣着明白装糊涂往往才是运营的最佳手段。

"接受"才会平静

在荷兰阿姆斯特丹,有一座15世纪建造的寺院,寺院的废墟里有一个石碑,石碑上刻着:既已成为事实,只能如此。

天有不测风云,人有旦夕祸福。人活在世上,谁都难免会遇上几次灾难或某些难以改变的事情。世上有些事是可以抗拒的,有些事是无法抗拒的,如亲人亡故和各种自然灾害,既已成为事实,你只能接受它、适应它。否则,忧闷、悲伤、焦虑、失眠会接踵而来,最后的结局是,你没有改变这些事实,反而让它们改变了你。

有一位老教授,他有一只祖传三代的玉镯,每天擦了又擦、看了又看,真是爱不释手。一天,玉镯不小心掉在地上摔碎了，老教授心痛万分，从此茶饭不思，人变得越来越憔悴。时隔一年，他离开了人世。最后咽气时，手里还紧紧攥着那只破碎的玉镯子。

老教授由于在玉镯摔碎的刺激下，再也无法保持内心的平静，情绪日益消沉，最后竟然撒手人寰。

任何人遇上灾难，情绪都会受到影响，这时一定要操纵好情绪的转换器。面对无法改变的不幸或无能为力的事，就抬起头来，对天大喊："这没有什么了不起，它不可能打败我。"或者耸耸肩，默默地告诉自己："忘掉它吧，这一切都会过去！"

紧接着就要往头脑里补充新东西，这种补充能使情绪"转换器"发生积极作用。最好的办法是用繁忙的工作去补充、转换，也可以通过参加有兴趣的活动来抚平心灵的创伤。如果这时有新的思想和意识突发出来，那就是最佳的补充和转换。

物理学家普朗克，在研究量子理论的时候，妻子去世，两个女儿先后死于难产，儿子又不幸死于战争。面对这一系列的不幸，普朗克没有过多地去怨悔，而是用废寝忘食的工作来转移自己内心巨大的悲痛。情绪的转换不但使他减少了痛苦，还促使他发现了基本量子，获得诺贝尔物理学奖。可以肯定地说，控制好自己的情绪，才能解救自己。

清楚什么是自己想要的

任何时候，都要清楚自己真正想要的是什么，并且要学会以一种平和的心态去对待。由此你才不会陷入大起大落的情绪状态。有个成语叫心宽体胖，说的是一个人只要心情愉悦，不斤斤计较，就能拥有健康的身心。保持一颗平常心，就不会轻易生气、发怒，不会让负面的情绪占据我们的内心。

一个拥有平和心态的人，不拘泥于人与人之间的是是非非、恩恩怨怨，总是尽量做到顺其自然，因此也能够以更加豁达、敞亮的心态迎接明天的阳光。

李洁大学毕业后进了一家刚起步不久的展览公司，该公司在一所著名的办公楼里，依照流行的说法，她也算是一个白领了。在这家公司里，李洁做得很辛苦，经常不计报酬地加班，终于脱颖而出，工作刚刚一年，荣升为项目主管。

李洁远在日本的男友决定回国发展并且和李洁结婚，李洁等了5年的爱情终于修成正果，众人都为李洁高兴：婚姻美满，事业顺利。婚后李洁怀孕了，还是双胞胎，医生嘱咐她静养保胎，然而这在工作异常繁重、压力巨大的展览公司里是不能做到的。

李洁的丈夫犹豫了："你还非常年轻，事业刚刚起步，孩子我们以后还是可以有的。"李洁说："不，这是最好的礼物，我能拥有它，就是最大的幸福。"李洁辞去了工作，获得了两个可爱的儿子。后来，李洁在一家公司里做协调员，因为两年没有工作，李洁还要从头做起。

她以前供职的展览公司一跃成为著名跨国展览公司，举办了国际广告展会，从前的同事也全部升为项目经理，职位、薪金要比李洁高许多。而李洁依旧快乐地工作着、生活着。不久，在新的公司里，她终于以工作业绩博得了上司青睐，家庭也依然和睦。

李洁就是一个懂得享受生活的人。这一切都源于她有一个平和的心态，她清楚地知道自己想要什么、不要什么。她没有被世俗的观念以及急功近利的浮躁所俘获，而是按照自己的方式，放弃了别人眼中那些所谓的成功，选择了一种简单舒适的生活。

英国哲学家伯兰特·罗素说过：动物只要吃得饱，不生病，便会觉得快乐了。人也该如此，但大多数人并不是这样。很多人忙碌于追逐事业上的成功而无暇顾及自己的生活。他们在永不停息的奔忙中忘记了生活的真正内涵，忘记了什么是自己真正想要的。这样的人只会看到生活的烦琐与牵绊，而看不到生活的简单和快乐。

不怕失去，不怕得到

所谓平常心，就是既能不甘人后、压倒一切，又能虚怀若谷、大度包容，面对各种纷争，以从容平淡的心态面对。

在奥运会上夺得金牌的冠军，接受媒体采访时，说得最多的一句话就是：保持了平常的心态。的确，在竞技场上保持平常心态，能使竞技者超水平发挥，取得更为优异的成绩。工作中，保持不计较得失，不苛求回报的平常心也是非常重要的。

实际上，很多人并不是败给自己的能力，而是败给自己无法掌控的心态。现实工作中，在激烈的竞争形势与强烈的成功欲望的双重压力下，从业者往往会出现焦虑、急躁、慌乱、失落、颓废、茫然、百无聊赖等负面的情绪，这类情绪一旦发作，就会让人丧失对自身的定位，变得无所适从，从而大大影响个人能力的发挥，使自己的工作效能大打折扣。

古人云："宁静以致远，淡泊以明志。"不管我们身在何种职场，只要能远离浮躁，保持一颗平常心，就能超越自己，成为一名成功人士。

对一名成功人士来说，保持一颗平常心主要有以下几方面的好处。

1. 可以让人更容易接近

工作与生活中，有些人喜欢张扬自我，说一些冠冕堂皇的话，替自己的言行做各种粉饰。尤其名利得失之心较重的人，更喜欢处处炫耀自己比别人优秀。这样的人是很难让别人接近的。保持平常心的人不会有上述特征。他们那种宠辱不惊、真诚待人的态度让人乐意接近。

2. 可以让你更好地认识自己

拥有平常心可以更清楚地认识自我，把自己的内心从身体中分隔出来，再从外界仔细地审视。能做到这一点，我们才能更准确地了解自己。这样做的人很少会犯错误，他们更清楚自己的特长是什么，又有哪些缺点，自然不会受偏见的左右。

3. 可以提高你的领导效能

居于领导地位的人，最重要的就是要了解自己的缺点，同时让下属知道，并请大家纠正自己的不足。领导者不是完美无缺的，正如每位下属也并非全知全能一样。也许领导者的缺点会比下属少一点，但是世界上没有完美无瑕的人。

4. 可以更好地摆脱忧虑

有些医生指出，很多病人的不适都是忧虑引起的，或者因忧虑加重了病情。其实很多事情发生以后，我们才会发现过去所忧虑的事儿真是小题大做、荒谬可笑。很多忧虑只是为了琐碎小事，几小时后，我们就会奇怪当时怎么会那么不痛快。其实只要心平气和，就不会为琐碎小事烦忧。

5. 可以让你正确地对待错过的东西

一位哲学家说过："过去是一张透支的支票，明天是一张未到期的期票，只有今天才是现金，是最值得珍惜的。"抱怨不能改变的过去，不如重新开始。

忧虑未来就是浪费今天的精力。精神的压力、神经的疲惫及为未来的忧虑会让你跌入失败的深渊。保持一颗平常心可以让你正确地看待错过的东西，更积极、有效地开展自己的工作。

或许我们曾经失去了某种重要的东西，错过了很多不该错过的事情；或许我们正在恐惧一些即将发生的事情，担心那些事情会造成不好的影响，为此惶惶不可终日。但从现在开始，拥有一颗平常心，心平气和地对待一切，不要害怕失去，也不要害怕得到，生活将会是另一片崭新的天地。

建一道宠辱不惊的防线

人生在世，谁都会遇到许多不尽如人意的事，关键是你要以平和的心态去面对这一切。世界总是凡人的世界，生活更是大众的生活。我们要在平和的心态中寻找一份希望，驱散心中的阴霾。

平和就是对人对事有豁达的心胸，不斤斤计较生活中的得失，超脱世俗困扰，远离红尘诱惑，视功名利禄为过眼烟云，有博大的胸怀。这样的心态，不是看破红尘心灰意冷，也不是与世无争、冷眼旁观、随波逐流，而是一种修养、一种境界。

拜伦说："真正有血性的人，绝不乞求别人的重视，也不怕被人忽视。"爱因斯坦用支票当书签，居里夫人把诺贝尔奖牌给女儿当玩具。莫笑他们的"荒唐"之举，这正是他们淡泊名利的平常心的表现，是他们崇高精神的折射。他们赢得了世人的尊重和敬仰，也震撼了我们的灵魂。

日本有个白隐禅师，因他对宠辱的超然态度，而受到了人们的尊重。

有一对夫妇，在住处附近开了一家食品店，家里有一个漂亮的女儿。无意间，夫妇俩发现女儿的肚子无缘无故地大起来。这种羞耻的事，使得她的父母震怒异常！在父母的一再逼问下，她终于吞吞吐吐地说出"白隐"两字。

她的父母怒不可遏地去找白隐理论，但这位大师不置可否，只若无其事地答道："就是这样吗？"孩子生下来后，就被送给白隐。此时，白隐的名誉虽已扫地，但他并不以为然，只是非常细心地照顾孩子——他向邻居乞求婴儿所需的奶水和其他用品，虽不免横遭白眼，或是冷嘲热讽，但他总是处之泰然，仿佛他是受托抚养别人的孩子一般。

事隔一年后，这位未婚妈妈，终于不忍心再欺瞒下去了。

她向父母吐露真情：孩子的生父是在鱼市工作的一名青年。

她的父母立即将她带到白隐那里，向他道歉，请他原谅，并将孩子带回。

白隐仍然是淡然如水，他只是在交回孩子的时候，轻声说道："就是这样吗？"仿佛不曾发生过什么事，所有的责难与难堪，对他来说，就如微风一般，风过无痕。

是非公道自在人心。人是为自己而活，不要让外物的得失而扰乱了自己的心。白隐守住了自己心中的那份平和，外界的非议对他来说，也就无足轻重了。

平和贵在平常，对待外物得失的超然态度只是其外在表现，真正平和的是一颗心。内心修炼至宠辱不惊的境界，不仅会正确对待得失，更会在人生大痛苦、大挫折前波澜不惊、生死不畏。

宠辱不惊，超脱了眼前的荣辱得失，心静如水，是人生一大智慧。宠辱俱平常，人生境界实不平常。事事平常，事事也不平常。无论处于何种环境下，都能做到宠辱不惊，那一定是个了不起的人，就如孔子所赞美的，不是个圣人，也是个贤人。以平和的心态踏踏实实地做事，坦坦荡荡地做人，并不因为工作的琐细而拒绝平凡的生活，并不因为名利的诱惑而放弃做人的原则。见识人生百态，品尝人间百味，积累丰富的阅历和诸多的感慨用于指点后人，这何尝不是一种幸福？

拥有平和的心态，笑对一切，即使失败了也不要一蹶不振，只要你奋斗过、拼搏过，就可以无愧地对自己说："天空不留下我的痕迹，但我已飞过。"这样就会赢得一个广阔的心灵空间，得而不喜，失而不忧，从而把自己的人生提升到一种宠辱不惊的境界。

拒绝内在的浮躁

浮躁，乃轻浮急躁之意。一个人如果情绪容易轻浮急躁，就不会干好任何事。

在现实生活中，也常有人犯浮躁的毛病。他们做事情往往既无准备，又无计划，只凭一时的兴趣就动手去干。他们不是循序渐进地稳步向前，而是恨不得一锹挖成一眼井，一口吃成胖子。结果呢，必然是事与愿违，欲速不达。

"罗马不是一天建成的"。有时候我们想一蹴而就，恨不得一下子把事情做好、做完，这种心理就是浮躁心理。浮躁使人急于求成、患得患失、焦躁不安、心神不宁。浮躁使人们产生了各种情绪疾病，成功、幸福和快乐也被浮躁所羁绊。

传说在古时候有两兄弟很有孝心，每日上山砍柴卖钱为母亲治病。神仙为了帮助他们，便教他们两人，可用四月的小麦、八月的高粱、九月的稻、十月的豆、腊月的雪，放在千年泥做成的大缸内密封四十九天，待鸡叫三遍后取出，汁水可卖钱。兄弟两人各按神仙教的办法做了一缸。待到四十九天鸡叫两遍时，老大耐不住性子打开了缸，一看里面是又臭又黑的水，便生气地洒在地上。老二坚持到鸡鸣叫三遍后才揭开缸盖，里边是又香又醇的美酒。

从老大的失败和老二的成功中便能看出：只有戒除浮躁，

真正静下心来才能够把事情做成功。一个人越是浮躁，就会在错误的思路中越陷越深，也就离成功越来越远。

浮躁虽然是一种较浅层次的负面情绪，却是各种深层情绪疾病的根源。它的表现形式呈现多样性，已渗透我们的日常生活和工作中。可以这样说，人的一生是同浮躁作斗争的一生。

古人云："锲而不舍，金石可镂。锲而舍之，朽木不折。"成功人士之所以能够获得成功的重要秘诀就在于，他们将全部的精力、心力放在同一目标上。许多人虽然很聪明，但心存浮躁，做事不专一，缺乏意志和恒心，到头来只能是一事无成。你越是急躁，越是在错误的思路中陷得更深，也越难摆脱痛苦。

古代有一个年轻人想学剑法。于是，他就向一位当时武术界最有名气的老者拜师学艺。老者把一套剑法传授于他，并叮嘱他要刻苦练习。一天，年轻人问老者："我照这样练习，需要多久才能够成功呢？"老者答："3个月。"年轻人又问："我晚上不去睡觉来练习，需要多久才能够成功？"老者答："3年。"年轻人吃了一惊，继续问道："如果我白天黑夜都用来练剑，吃饭走路也想着练剑，又需要多久才能成功？"老者微微笑道："30年。"年轻人愕然……

我们生活中要做的许多事情如年轻人练剑。切勿浮躁，遇事除了要用心用力去做，还应顺其自然，才能够成功。

生活中，无论是名不见经传的普通人，还是声名显赫的企业家，都很容易被暂时的胜利冲昏头脑，在浮躁的心理下步入歧途。所以我们一定要戒除浮躁心理,不要让它葬送了我们美好的人生。如果你的心已经是滚烫的九十九度热水,那么外界的一点热度,就会让你的心变成沸腾的一百度开水,情绪泛滥,无法抑制。

我们需要的是二十度不冷不热的心态,刚好能感知冷暖,而不会瞬间爆发。拒绝内心的浮躁,生活才会有条不紊地展开。

善于做金钱的主人

不得不承认,金钱在我们的人生中扮演着重要的角色。但是应对金钱在人生中的地位有一个理性的认识。当看到有的人为了金钱而疲于奔波的时候,当看到有人抵挡不住金钱的诱惑而自取毁灭的时候,当看到有人富可敌国却依然不能消除内心贪婪和恐惧的时候,或许我们会觉得这些人很可悲。

我们必须承认金钱的从属地位,从社会乃至人性的角度看待金钱,但这并不意味着忽视乃至否认金钱的作用。更重要的是,我们要熟悉金钱的运行规则。

人们不断寻找快速挣钱的方法,但这其中最重要的,其实是他们应该具备获得金钱的能力和力量,这种力量不在于金钱本身,它在金钱之外,这种力量存在于每个人的观念之中。改变一些观念,你就能够控制金钱,而不是任由金钱来控制你。一个人相信自己能够拥有财富，能够过上富足的生活，那么他会通过他的努力来达到目标，反之，一个人总觉得自己一无所能，那他就会真的一无所能。

金钱并不一定能使人快乐。如果一个人在致富过程中没有感到快乐的话，大多数情况下，他在富有之后也不会快乐。

美国富豪巴菲特认为，快乐仅仅是一种过程，而不是一种结果。拥有上百亿美元的美国富豪巴菲特已安排好其后事。他将其身后的遗产以信托基金的方式委托给几位极具智慧的人来决定钱的用途。他们拥有绝对的权力，且不受任何限制。巴菲特宣称，对于遗产的用途不预先设附加条件，因为他希望这笔基金日后不会变成官僚十足的传统基金。他说："如果他们搞出个高高在上的殿堂来，又变得守旧封闭，我的鬼魂一定不会放过他们。"

根据巴菲特的安排，他只留给两个孩子各300万美元。巴菲特的赚钱观很值得人欣赏，他说："人生真正的快乐不是住在皇宫里，而是每年替你的房子加一间房间，因为快乐是一种过程，而不是一种结果。"

李嘉诚也认为，他的人生哲学就是想过简单的日子，待人谦和，钱对他没有什么意义。"叫我过皇帝生活也可以，平民生活也可以。"庆丰集团董事长黄世惠说，"即使现在丢掉1／2，甚至2／3的财产，我仍旧可以活得很好。"

我们必须明白，金钱本身并不能成为人生主角，它只是人生的一部分，任何妄想将金钱置于主导性地位的企图，终将会导致各种各样的大灾难。

一个人如果沉溺于金钱，将很难摆脱它，有人把钱喻为毒品，因为人们在有钱时很高兴，没钱时就烦躁不安、心情沮丧，这就像吸毒者在注射毒品时会变得很兴奋，而没有毒品时就会变得沮丧和充满暴力。如果我们仔细观察，就会发现人们之间的许多纠纷都是因为钱而产生的，甚至一些犯罪案件也与钱有关。为了钱，有的人不择手段；为了钱，有的人忘了人生的真正意义。

金钱仅仅是为目标而奋斗的产物。企图在一夜之间发大财，是不现实的，如有这种念头，那就无异于将自己推入深渊而无法自拔。仅仅崇拜金钱是毫无意义的，你应该而且必须明白：金钱是你的仆人。

有许多人已经拥有大笔的财富，可是他们生活在忧郁之中，有的人甚至觉得自己很无聊，很空虚，这是为什么？他们没有意识到，真正的财富在于不断地进取。如果你心中已经没有了目标和信念，你的生命便会黯然无光。一个人无论在社会中处于什么位置，只要他心目中没有了前进的动力，他就不可能是幸福的。当我们渴望得到某种东西时，我们感到有一股无形的力量在驱使我们去争取它，但是一旦得到了，便会觉得那也不过如此，并没有什么特别之处，于是我们重新去追求另外一个目标。

人生要懂得享受孤独

　　波澜万丈的生活激荡人心，令人心驰神往，但在人生的河流中，更多时候则是平静的，你总要学会一个人慢慢地享受人生，总会有那么一个时刻，你是孤独无助的，但不要害怕，因为这本身就是人生给你的最高馈赠，正如罗曼·罗兰所说："世上只有一个真理，便是忠实人生，并且爱它。"那么，当孤独来临时，去体味它、享受它，在欣赏完夏花的绚烂之后，不妨沉下心来，品读秋叶的静美。

　　孤独是一种难得的感觉，在感到孤独时轻轻地合上门和窗，隔着外面喧闹的世界，默默地坐在书架前，用粗糙的手掌爱抚地拂去书本上的灰尘，翻着书页嗅觉立刻又触到了久违的纸墨清香。正像作家纪伯伦所说："孤独，是忧愁的伴侣，也是精神活动的密友。"孤独，是人的一种宿命，更是精神优秀者所必然选择的一种命运。

布雷斯巴斯达曾说："所有人类的不幸，都是起始于无法一个人安静地坐在房间里。"许多人抱怨生活的压力太大，感到内心烦躁，不得清闲。于是，追求清静成了许多人的梦想，却害怕孤独。其实孤独才是人生中的一种大境界，它是一首诗、一道风景，是那种你在桥上看风景，看风景的人在桥上看你的美丽。

洗尽尘俗，褪去铅华，在这喧嚣的尘世之中，要保持心灵的清静，必须学会享受孤独。孤独就像个沉默少言的朋友，在清静淡雅的房间里陪你静坐，虽然不会给你谆谆教导，却会引领你反思生活的本质及生命的真谛。孤独时你可以回味一下过去的事情，以明得失，也可以计划一下未来，以未雨绸缪；你也可以静下心来读点书，让书籍来滋养一下干枯的心田；也可以和妻子一起去散散步，弥补一下失落的情感；还可以和朋友聊聊天，谈古论今，不是神仙，胜似神仙。

孤独，实在是内心一种难得的感受。当你想要躲避它时，表示你已经深深感受到它的存在。此时，不妨轻轻地关上门窗，隔去外界的喧闹，一个人独处，细心品味孤独的滋味。虽然它静寂无声，却可以让你更好地透视生活，在人生的大起大落面前，保持一种洞若观火的清明和远观的睿智。

在人生的漫漫长路中，孤独常常不请自来地出现在我们面前。在广阔的田野上，在"行人欲断魂"的街头，在幽静的校园里，在深夜黑暗的房间中，你都能隐约感受到孤独的灵魂。在现代社会中，为生存而挣扎的人总会有一种身在异国他乡之感：冷漠、陌生，好像"站在森林里迟疑不定，不知走向何方"，好像"动物引导着自己"，"感到在众人中比在动物中更加危险"，又好像"独坐在醉醺醺的世人之中"，哀诉人间的不公正。总之，互相猜忌，彼此欺诈，黑暗笼罩着去路，危险隐藏在背后，这些就是人生现实的写照。

而保留一点孤独则可以使你"远看"事物，即对事物做远景的透视，只有这样才能达到万物合一、生命永恒的境界，在这种境界中，你可以倾诉一切，可以诚实坦率地向万物说话，人们彼此开诚布公，开门见山。这也是一种艺术审美的境界，它能使事物美丽，诱人，令人渴慕，使人成为自己的主人，使人生获得意义和价值。尘世中，无数人眷恋轰轰烈烈，以拜金主义为唯一原则而没头没脑地聚集在一起互相排挤、相互厮杀。而生活的智者却总能以孤独之心看孤独之事，自始至终都保持独立的人格，流一江春水细浪淘洗劳累忙碌的身躯，存一颗娴静淡泊之心寄寓无所栖息的灵魂。

这是孤独的净化，它让人感动，让人真实又美丽，它是一种心境，氤氲出一种清幽与秀逸，营造出一种形胜独处的自得和孤高，去获得心灵的愉悦，获得理性的沉思，与潜藏灵魂深层的思想交流，找到某种攀升的信念，去换取内心的宁静、博大致远的菩提梵境。

不要太在乎别人对你的看法

当我们听到别人的赞美时,好心情油然而生;而当我们接受负面评价时,情绪也向负面转移。

其实,舆论是世界上最不值钱的商品,每个人都有许多看法,随时准备加诸于他人身上。不管别人怎么评价,都只是他们单方面的说法,有很多是没有经过认真思考的,事实上并不会对我们造成任何影响。我们希望听到别人公正的评价,但不管别人怎么说,都不要太在意。

一大清早,鹤就拿起针线,它要在自己的白裙子上绣一朵花,以显示自己的娇艳美丽,它绣得很专注。

可是刚绣了几针,孔雀探过来问它:"你绣的是什么花呀?"

"我绣的是桃花,这样能显出我的娇媚。"鹤羞涩地一笑。

"干吗要绣桃花呢?桃花是易落的花,还是绣朵月月红吧。"

鹤听了孔雀姐姐的话觉得有道理,便把绣好的部分拆了改绣月月红。

正绣得入神时,只听锦鸡在耳边说道:"鹤姐,月月红花瓣太少了,显得有些单调,我看还是绣朵大牡丹吧,牡丹是富贵花呀，显得雍容华贵！"

鹤觉得锦鸡说得对，便又把绣好的月月红拆了，重新开始绣起牡丹来。

绣了一半，画眉飞过来，在头上惊叫道："鹤姐姐，你爱在水塘里栖息，应该绣荷花才是，为什么要去绣牡丹呢？这跟你的习性太不协调了。荷花是多么清淡素雅啊！"鹤听了，觉得画眉说得很对，便把牡丹拆了改绣荷花……

每当鹤快绣好一朵花时，身边总有不同的建议提出。它绣了拆，拆了绣，直到现在白裙子上还是没有绣上任何花朵。

我们自己是不是也经常这样：做事或处理问题没有自己的主见，或自己虽有考虑，但常屈从于他人的看法而改变自己的想法，一味讨好和迎合别人，最后因为违心而变得心情糟糕。

所以做人千万不能像这只鹤一样，一定要有头脑，要把控好自我情绪，不随人俯仰，不与世沉浮，这才是值得称道的情商品质。而随波逐流，闻风而动的人，恰是活在他人的价值标准和情绪世界里，终归会迷失自己。

胜负取决于自己的内心。有时，周围的人对你说："你能胜过他。"可是你心里很清楚你不如那个人，也没想过要和他决一胜负，也就不会产生嫉妒的情绪。反过来，周围人说："你不如他。"或许你心里会想："我一定能赢他。"也就不会产生悲观的情绪。

所以，做事也好，做人也罢，我们都要有自己的主见，不要太在乎别人对自己的看法。

　　世间任何事情都没有绝对，所以只要你心胸开阔，何必在乎别人怎么看、怎么说呢？如果我们以别人的看法为指南，存有这种潜意识，生活中难过就会多于快乐。毕竟不尽如人意的事情太多了，如果只是为了别人的情绪而活，痛苦难过的就只有自己。

　　杰克是一位年轻的画家。有一次他在画完一幅画后，拿到展厅去展出。为了能听取更多的意见，他特意在他的画旁放上一支笔。这样一来，每位观赏者，如果认为此画有败笔之处，都可以直接用笔在上面圈点。

　　当天晚上，杰克兴冲冲地去取画，却发现整个画面都被涂满了记号，没有一处不被指责的。

　　他对这次的尝试深感失望。他把遭遇告诉了一位朋友，朋友告诉他不妨换一种方式试试。于是，他临摹了同样一张画拿去展出。但是这一次，他要求每位观赏者将其最为欣赏的妙笔之处标上记号。

　　等到他再取回画时，结果发现画面同样被涂遍了记号。一切曾被指责的地方，如今都换上了赞美的标记。他不无感慨地说："现在我终于发现了一个奥秘：无论做什么事情，不可能让所有的人都满意，因为在一些人看来是丑恶的东西，在另一些人眼里或许是美好的。"

　　不要因众人的意见而情绪低落，进而淹没了你的才能和个性。你只需听从自己内心的声音，做好自己就足够了。自己的鞋子，自己知道穿在脚上的感受。

我们无论做什么事，一定要对自己有一个清楚的认识，不要轻易地被别人的见解所左右，这才是认识自己和事物本质的关键所在。

一味听信于人，便会丧失自己，便会做任何事都患得患失、诚惶诚恐。这种人一辈子都不会取得成功。他们每天活在别人的情绪中，太在乎上司的态度，太在乎老板的眼神，太在乎周围人对自己的态度。这样的人生，还有什么意义可言呢？每个人都有自己的生活方式，我们不必为一份没有得到的理解而遗憾叹惜，要懂得坚持自我。以下是坚持自我的一些经验之谈。

对别人的看法要平衡，别人并非先知先觉，他和你我都是一样的平凡。

只要认准了方向，就要勇往直前，不要顾及会引起别人的嫉恨。

选择不喜好闲言碎语的人为友，这将有助于你不再为"别人怎么说、怎么想"而产生恐惧。

在处理问题时，相信"别人"和你并无本质差异。

我们要时刻保持积极正面情绪。做人有两种可能，一种是像巴甫洛夫的狗，只听从外来的信息；另一种就是抛开他人对你的看法，相信自己，坚持自己选择的道路。你做人是选择前者还是后者？

为自己而活，不要盲目取悦他人

要为自己而活而不是为他人而活。当我们看到鼻子上有红红的圆球，脸上浓墨重彩，衣着诡异梦幻的小丑时，我们一定以为他做这样一份工作很快乐。他的工作就是让人发笑。但事实上，绝大多数小丑的扮演者都患有不同程度的抑郁症。

单纯为了取悦于人，对小丑来说是一种生命不能承受之重，在可笑的假面背后，往往是一颗充满了负面情绪的心。

盲目取悦他人，往往会伪装自己，把自己的情绪藏在心里。没有谁能够承受长久地掩饰自己的本性，除非他内心是麻木的。所以，哪怕在强调要懂得社交技巧和办事艺术的今天，我们依然告诫人们，不要为了取悦他人而放弃发泄情绪的机会。

在这世上，没有任何一个人可以赢得所有人的满意。随着他人眼光来去、为了取悦他人而随意改变自己，会逐渐暗淡自身的光彩。

桃乐丝身高不足1.55米，体重却达到了62公斤。她唯一一次去美容院，美容师说桃乐丝的脸对她来说是一个难题。然而桃乐丝并不因那种以貌取人的社会陋习而烦忧不已，她依然十分快乐、自信、坦然。

其实最初桃乐丝并不像现在这样乐观，那么是什么改变了她呢？

桃乐丝还记得自己第一次参加舞会时的悲伤心情。

舞会对一个女孩子来说总是意味着一个美妙而又光彩夺目的场合，正值青春妙龄的桃乐丝对这样的场合自然充满了无限的幻想和期待。

那时假钻石耳环非常时髦，桃乐丝在为准备那个盛大的舞会练跳舞的时候总是戴着它，以致她疼痛难忍而不得不在耳朵上贴了膏药。也许是由于这膏药，舞会上没有人和她跳舞，整场舞会下来，桃乐丝在那里整整独坐了一个晚上。

当她回到家里，桃乐丝告诉父母，自己玩得非常痛快，跳舞跳得脚都疼了。当父母听到桃乐丝在舞会上非常快乐的时候都很高兴，欢欢喜喜地去睡觉了。桃乐丝走进自己的卧室，撕下了

贴在耳朵上的膏药，伤心地哭了一整夜。

有一天，桃乐丝独自坐在公园里，心里担忧如果自己的朋友从这儿走过，看到自己在这儿坐着时，会不会觉得自己有些愚蠢。

当她开始读一段散文，读到一个总是忘了现在而幻想未来的女人时，她不禁想到："我不也像她一样吗？"故事中的这个女人把她绝大部分时间花在试图给他人留下美好的印象上了，却很少去过自己的生活。

在这一瞬间，桃乐丝突然意识到自己整整数年光阴就像浪费在一个毫无意义的赛跑上了。她所做的一切没有丝毫的意义，因为没有人注意她，而她在试图取悦他人的同时，却忘却了自己，忘却了自己的欢乐与忧愁，忘却了应当拥有自己的生活，在不知不觉间，她早已失掉了自我。

从此以后，桃乐丝完全改变了，她不再痛苦于自己的外表，不再试图去取悦他人的眼球，她决定勇敢地做自己，让由内而发的自信和快乐来衬托出自己的美丽。

桃乐丝的那种"盲目取悦他人"的行为反映了人们的一种普遍心理，这同时也是人们不自信的一种表现。不要过分关心别人的想法。当你过分关心"别人的想法"时，当你太小心翼翼地想取悦他人时，当你对别人是否真正欢迎自己而过分敏感时，你就会有过度的否定反馈、压抑等不良的情绪表现。重要的是，看看自己能够做哪些有意义的事情。我们要相信自己的观点，不必取悦所有的人。

　　其实，对同一个事物，每个人的看法都有所不同。面对不同的几何图形，有人看出了圆的光滑无棱，有人看出了三角形的直线组成，有人看出了半圆的方圆兼济，有人看出了不对称图形独到的美……

　　既然大家看到的东西都是不一样的，又何必为谁对谁错而争论不休呢？当有人不喜欢你的时候，也许他只是断章取义地看到了你的一点点行为，如果为此影响自己的情绪，甚至改变自己，岂不是一直让别人误解你？

　　做一个实实在在的人，就要懂得善待自己的想法和情绪。不因为他人的赞美而情绪高涨，也不因为别人的批评而情绪低落。